KB121597

산업 곤충도감

애완용에서 첨단소재까지
산업화 가능성 높은 곤충들

光文閣
www.kwangmoonkag.co.kr

RDA
농촌진흥청 국립농원과학원

CONTENTS

발간사

지구상의 수많은 생물들 가운데, 21세기에 들어서 가장 각광을 받고 있는 것이 바로 곤충입니다. 예로부터 우리 조상들은 여러 곤충을 이용해 왔고, 조선시대 「세종실록지리지」만 봐도 매미허물(선퇴)과 사마귀 알집(상표소) 등 14개 곤충 품목이 국가의 세금으로 매겨지거나 왕실 납품목록으로 이용되었다는 기록이 있습니다.

그럼에도 불구하고 지난 세월 우리는 곤충을 해충으로만 인식하여 온 경향이 있습니다. 하지만, 생물과 문화의 다양성이 강조되고, 새로운 자원의 요구가 강력히 요청되는 21세기에는 작아만 보였던 곤충이 새로운 블루오션으로 떠오르고 있습니다.

최근에 우리 연구진들은 그동안의 연구결과를 토대로, 산업곤충들의 사육기준과 규격을 책자로 만들어내면서 곤충사육의 질적 토대를 만들어 왔습니다. 또한 갈색거저리와 흰점박이꽃무지 2종을 한시적 식품원료로 인정을 받게 하여 새로운 시장 창출의 초석을 다져왔습니다.

하지만, 아쉽게도 우리가 가지고 있는 곤충자원 가운데 유용성이 큰 것들이 얼마나 있는지 체계적으로 정리하여 대중에게 알리고 산업화를 지속시킬 수 있는 동력들로 제대로 보여드리지 못했습니다.

따라서, 이번에 산업곤충으로 쓰일 가치가 큰 종류 148종을 추려서 그들을 과학적으로 분류하고, 각 종류마다 형태, 생태, 이용성과 그 현황 정보를 체계적으로 정리한 「산업곤충 도감」을 발간하게 되었습니다. 특히, 이 책자 안에는 곤충이 알-애벌레-번데기-성충으로 변신을 하더라도 그 모습과 상관없이 구별할 수 있는 잣대로 DNA 바코드라는 곤충의 유전자 서열을 종류마다 큐알(QR)코드 형태로 제시해 두었습니다. 이는 국제적 자원경쟁에서 향후 유전자원의 이용으로부터 발생할 수 있는 다양한 문제를 대비하기 위한 밑거름이 될 것입니다.

모쪼록 이 책자가 곤충을 산업화시키기 위하여 동참하는 분들과 곤충자원을 연구하고 배우는 분들에게 하나의 지침서로서 많이 활용되어 실질적인 도움이 되길 기대합니다.

2014년 12월

국립농업과학원장 전 혜 경

일러두기
- - - - - - - - - - - - - -

- 이 책에서는 대량사육을 통해 산업적으로 이용되는 종, 사육기술이 어느 정도 갖추어져 이용성이 높은 종이나 생산가능성이 높은 종, 역사적 이용근거가 확실한 종, 또는 실물거래가 간헐적이라도 이루어지는 종으로 148종만 뽑아 다루고 있다.

- 종별 배열 순서는 우선 용도별로 하고, 각각의 용도에서는 곤충분류체계를 따라서 배열하였다.

- 학명과 국명은 한국곤충총목록(2010)을 기본으로 하되, 최근에 개정된 학명은 확인하여 정리하였고, 국명은 다른 이름이 있을 경우 별칭란에 삽입하였다.

- 형태에서 몸길이는 대부분의 분류군에서 머리에서 배끝마디를 기준으로 하였으나, 나비류에서는 날개편길이를, 메뚜기류와 매미류는 앞날개끝까지를 기준으로 표시하였다.

- 형태설명은 성충을 표준으로 삼아 분류학적 형질 용어를 가급적 줄여 설명하였다.

- DNA 바코드 염기서열 정보에서 대표 개체의 서열정보를 이미지 파일로 만들고, 이것을 2차원 큐알(QR)코드 형식으로 저장하였다. 서열 차이는 분석된 개체수 사이에서 변이로 인해 생긴 종내 변이 폭을 의미한다. 148종 가운데 5종의 DNA 바코드 정보는 NCBI를 통해 인용하였고, 등록번호를 밝혀두었다.

- 생태정보에서 유충과 성충의 식성이 다를 때는 성장을 위한 주요 섭식기를 기준으로 표시하였다.

- 분포는 각 종의 자연 서식지를 분포지로 하였으므로, 외래종이 국내에 들어와 정착된 서식처가 확인된 경우만 분포지를 표시하였다.

- 고유성은 나고야의정서를 대비하고, 향후 관련 자원의 수출입을 위하여 범주를 잡을 수 있도록 토종곤충자원(한국고유종)에서 도입곤충자원(외래종)까지 구분 하였다.

- 자원활용도는 본문에서 쓰임새별로 나눈 용도를 기준으로 하였다.

- 종충확보는 어디에서 사육 집단을 확보할 수 있는 지 여부를 판단할 수 있도록 하기 위하여 제시하였다. 특히, 분양은 특허권 등을 통하여 유상 분양받을 수 있는 경우를 말한다.

- 활용현황은 기존의 정보를 토대로 이용되었거나 이용가능성을 정리하여 제공하였다.

- 사진은 필자들에 의하여 촬영된 것들과 관련 전문가들로부터 대여 받은 것으로 일일이 소유권을 명시하지 않기로 하였다.

- 책의 말미에 DNA 바코드를 이용한 분류방법과 이 책에서 다루었던 종들의 분류학적 목록을 정리하여 두었으나, 과내의 종 배열은 본문과 목록사이에 편집상 차이가 있을 수 있다.

- 참고목록에는 참고하거나 이용한 도서, 논문, 인터넷 웹사이트, 신문기사 등을 제시하였다.

01

산업곤충의 이해

01 산업곤충의 이해

1) 유용한 곤충은 얼마나 있을까?

곤충은 전세계적으로 대략 500~1000만 종으로 추산되는데, 그중에서 사람들과 직, 간접적으로 관련을 맺은 곤충은 대략 1% 미만으로 보고 있다. 이처럼 수많은 곤충들 가운데 사람들에게 어떤 방식으로든 이로움을 주는 곤충들을 곤충자원 또는 자원곤충이라 할 수 있다. 하지만, 자원곤충학적인 연구 역사가 매우 짧아서 자원으로 활용되어온 종이 얼마나 될지도 아직 정확히 추정하지 못하는 것이 현실이다. 그럼에도 불구하고, 식용으로 이용된 곤충이 전 세계에서 최소 1,900종 이상이나 되고, 화분매개곤충자원 중에서도 꿀벌상과의 종류만도 16,000종 이상으로 집계되는 것만 봐도 곤충자원의 종수는 수십만 종에 달할 것으로 예측해 볼 수 있다.

2) 경제적 가치로 본 곤충

곤충은 환경경제학적인 측면에서 보면, 우리가 생각해왔던 것에 비하여 매우 큰 가치를 지닌 것으로 평가될 수 있다. 특히, 각각의 곤충들이 개발되어 이용될 때의 가치는 애드벌룬처럼 엄청나게 커진다. 한 예로 화분매개곤충 뒤영벌에 대한 사육기술을 개발하고 보급한 효과는 향후 30년 동안에 3조 304억 원이라는 대단한 기술 가치를 가질 것으로 평가받았다. 그렇다면 곤충이 가진 가치를 크게 어떻게 구분할까?

간접가치: 생태계 환경서비스 가치

• 지구상에 살고 있는 대부분의 곤충들이 우리에게 주는 기본적인 가치는 생태계 환경서비스이다. 종 다양성만큼이나 생태계 내에서 담당한 각각의 고유한 역할은 매우 다양하다. 물속의 유기물을 분해시키는 하루살이, 등산로 주변에서 죽은 동물을 먹어치우는 송장벌레, 낙엽을 분

해하는 톡토기 등 그들만의 역할을 통해서 인간의 생활과 환경을 유지시키는데 도움을 준다. 즉, 생태계의 생산성, 수질 및 토양 보호, 기후조절, 폐기물처리, 생물 종들의 관계, 여가생활과 관광, 교육 및 과학적 가치, 환경지표 등에서 보이지 않게 작용을 해왔다. 즉, 이들은 직접 돈을 벌어주지는 않지만, 공익적인 간접가치가 큰 곤충들이다.

선택가치

• 최근 여러 곤충 종에서 항균단백질, 항산화물질뿐 아니라 다양한 유용물질을 지니고 있음이 속속 밝혀지고 있다. 예를 들어 애기뿔소똥구리에서는 항균물질인 코프리신이 밝혀지고, 바퀴에서는 수퍼박테리아에 대한 항균물질이 있음이 새롭게 알려지고 있다. 또한 지네에서는 아토피 치료 관련 물질도 나오고 있다. 아직은 이들을 바로 생산해서 재화를 당장 얻어낼 수는 없지만, 좀 더 연구를 진전시키면 가까운 미래에 상품화될 여지가 매우 높은 종들이다. 이러한 종들은 장래가 촉망받는 후보군으로 높은 선택가치를 가지고 있는 종들이다.

직접가치

• 곤충들을 대량사육하기 위해서는 그들의 생리와 생태 등을 밝혀내야 하고, 사육법을 체계화시킬 수 있어야 한다. 그 같은 과정을 통해서 상업적으로 거래하여 직접적인 재화를 가져다주는 곤충들이 갖는 가치가 직접가치이다. 앞에서 언급된 간접가치나 선택가치를 가진 종들도 그 용도를 찾아 수요를 창출하고 공급의 조건을 갖추게 되면 직접가치를 지닌 곤충이 될 수 있다. 예를 들어 많은 정서곤충들인 장수풍뎅이와 사슴벌레는 그 자체가 어린이의 여가와 과학교육의 종이었으나, 지금은 대량 사육되어 유통되는 종으로 탈바꿈하였다. 이처럼 직접가치를 가진 곤충들을 산업곤충이라 한다. 특히, 동양에서는 이미 양잠과 양봉산업을 거쳐왔으므로, '산업'이란 말이 익숙하다. 이와 같이 곤충을 통한 산업을 곤충산업이라 한다. 반면에, 서양에서는 판매와 거래가 되는 곤충들에 대해서 상업용곤충(commercial insects)이란 말을 주로 사용한다. 또한 보는 견해에 따라서 가축(livestock)의 범주에 포함하기도 하며, 최근에는 작은 가축이란 의미로 미니가축(minilivestock)이란 말도 사용한다.

3) 쓰임새로 나누어본 곤충

곤충은 쓰임의 용도로 구분을 해 보면, 크게는 천적자원, 화분매개자원, 식용자원, 약용자원, 물질이용자원, 정서애완학습자원, 환경정화자원, 환경지표자원 및 기타 곤충자원 등 9

개 자원으로 구분할 수 있다. 그 가운데, 직접 가치를 만들어 내는 산업곤충들은 주로 천적곤충, 화분매개곤충, 식용곤충, 약용곤충, 정서애완학습곤충, 환경정화곤충 등의 극히 일부이다. 그 이유는 산업곤충으로 유망한 곤충자원이라 할지라도 대량 사육의 기술이 개발되고, 유통과 소비에 최적의 형태를 갖출 수 있도록 적절한 생산-소비-관리의 기술이 개발되어야 하기 때문이다.

화분매개곤충

• 야생식물뿐만 아니라 재배식물의 꽃을 방문하여 꽃가루를 매개해 줌으로써 식물의 결실에 도움을 주는 곤충이다. 꽃피는 식물의 87.5%가 곤충을 포함한 동물에 의하여 화분매개가 되어야 한다. 이처럼 수많은 곤충들이 야생의 꽃들과 작물과 과수의 화분매개곤충이지만, 상업적으로는 주로 쓰이는 곤충은 꿀벌, 뒤영벌, 가위벌과 일부의 파리류에 국한되어 있는 상황이다.

천적곤충

• 작물의 생산 과정에서 생산성을 저하시키는 해충을 억제하는데 이용되는 포식성 곤충과 기생성 곤충뿐만 아니라 균을 먹는 균식성 곤충도 포함된다. 광의적으로는 작물 재배지 및 기타의 장소에서 유해한 역할을 하는 유해 잡초를 방제하는데 이용될 수 있는 잡초방제곤충도 포함시킬 수 있다. 주로 작물재배지에서 진딧물, 가루이, 응애 등을 잡아먹거나 몸에 기생하는 곤충들이 주로 많이 상업화되었다.

정서애완학습곤충

• 인간의 심미적 활동인 관광, 레저, 취미생활, 예술, 공연 등에 직·간접으로 이용되는 곤충들이다. 원래는 자연에서 곤충을 채집하거나 개인적으로 길러 이용하는 간접가치를 가진 종들이었다. 하지만, 최근 들어 대량사육을 통해 유통체계를 갖추고 판매되는 종들이 많아졌다. 물론 일부 종들은 자연에서 채집되어 일정시기만 사육 관리되었다가 판매되는 경우도 있다. 이를 통해서 곤충은 애완용, 기르며 관찰을 통한 과학학습용 뿐만 아니라 나비정원과 곤충생태원 등의 관람 체험용으로 이용된다. 때에 따라서는 지역의 곤충축제와 이벤트용으로도 이들이 이용된다. 이와 더불어 정서적인 치유 목적으로 애완용곤충을 이용하는 방법도 연구 중에 있다.

식용곤충

• 인간은 역사 이래로 끊임없이 곤충을 먹어왔다. 산업화된 대형가축으로부터 육류공급이 원활하게 된 일부 국가에서는 그 같은 습성을 한동안 잊고 지냈을 뿐이다. 하지만, 인구의 증가와 식량부족 은 식량생산의 효율이 높은 곤충을 주목하게 만들고 있다. 따라서 곤충을 식량과 식품으로 개발 하려는 연구와 노력이 급증하고 있다. 또한 동물사료의 원재 비용 증가로 인하여 영양가 높은 곤 충을 동물사료로 이용하려는 연구가 늘고 있다. 용도는 사람이 먹는 식용과 다른 동물이 먹는 사 료용으로 더 구분할 수 있으나, 대상 곤충은 같은 경우가 대부분이다. 예를 들어 갈색거저리는 한 시적이지만 식용곤충이 된 동시에 사료용으로 이용하기 위해 많은 연구가 진행되고 있다.

약용곤충

• 각종 질병을 치료할 목적으로 의약 또는 민간 약재로 이용되는 곤충을 일컫는다. 동서양 모두 에서 곤충을 약으로 이용한 역사는 오래되었다. 곤충 몸체뿐 아니라 곤충이 내는 산물과 체내 특정 물질, 그리고 몸에 피어난 동충하초와 같은 관련 미생물을 직접 또는 가공하여 이용해 왔다. 아직 현대의학 쪽으로 접목된 약재용 곤충은 극히 적은 편이지만, 전통적인 민약과 이에 과학적 연구 성과를 추가하여 건강기능성식품의 수준에서 주로 이용되고 있다. 곤충연구에 투 자가 늘면서 현대과학적인 약용곤충이 늘어날 추세로 전망되고 있다.

물질이용곤충

• 곤충은 자기 방어뿐 아니라 대사의 일환으로 다양한 물질을 만들 뿐 아니라 외부에서 들여온 것을 가공하여 다른 형태의 물질로 전환한다. 이 같은 물질 가운데 우리가 이용할 가치가 있는 것을 지역마다 달리 이용해 왔다. 우리나라에서는 주로 누에를 통한 명주실과 비단 및 꿀벌을 통한 꿀과 밀랍을 생산해 왔다. 최근에는 보다 정밀해져서 체내 항산화물질, 항생물질, 그리고 그들의 유전자를 이용하는 기술로 발전하고 있다. 대표적으로 거미의 실젖 유전자를 이용하여 거미줄과 같은 탄성이 매우 좋은 물질을 대량생산하는 연구도 행해지고 있다.

환경정화곤충

• 자연 및 인공 환경에서 썩어가는 동식물 조직을 분해하여 그 주변 환경을 청소하는 역할을 해 환경정화곤충이라 한다. 호주는 목축을 많이 하지만, 원래는 유대류밖에 없었기에 소와 말의 똥을 빨리 분해할 수 있는 곤충들이 없었다. 아프리카산 소똥구리들을 도입한 후 연구를 통하

여 정착시켜 목장의 분뇨처리뿐 아니라 파리발생을 억제시키고 있다. 우리나라에서는 방목장이 적기 때문에 축사에 쌓이는 분뇨뿐 아니라 음식물폐기물을 곤충으로 분해시키는 연구와 실용화를 추진하고 있다.

환경지표곤충

- 특정 환경에서 서식하는 곤충의 종들과 그들의 개체수 또는 군집 구조를 평가함으로써 그곳 환경의 질적 수준을 평가할 수 있는 곤충들을 환경지표곤충이라고 한다. 대표적으로 하천에 사는 많은 수서곤충들은 계류의 수질을 평가는 지표종으로 이용되는데, 그 예로 큰그물강도래는 1급수 종, 부채하루살이는 2급수 종, 연못하루살이는 3급수 종, 깔다구는 4급수 종이다. 하지만, 이같은 지표종의 활용은 곤충자원의 간접가치를 이용하는 것으로 부가적인 수익을 기대하기는 어렵다. 또한 대량의 사육곤충을 환경 측정 장치처럼 이용할 수 있는 상업화 연구도 아직 미흡하다.

기타 곤충자원

- 앞에서 거론된 곤충자원의 이용 측면에서 구분된 방식 이외에도 가치가 인식되지만, 그 규모가 적어 명확히 구분하는데 어려움이 있는 곤충을 모두 기타자원에 포함하였다. 예를 들어 사체의 사망원인과 시각측정을 위하여 곤충을 이용하는 법의곤충과 치료용으로 이용하는 의료용 곤충 등을 들 수 있다.

4) 산업곤충의 범주와 대상

산업곤충은 2010년 8월에 시행된『곤충산업육성 및 지원에 관한 법률』에 근거한 곤충을 말한다. 곤충을 사육하거나 곤충의 산물 또는 부산물을 생산·가공·유통·판매하는 등 곤충과 관련된 재화 또는 용역을 제공하는 업(業)을 곤충산업이라 하고, 그 산업을 지탱하는 재원이 되는 곤충이 산업곤충이다.

법에서 말하는 산업곤충의 대상을 보면, "곤충이란 사슴벌레, 장수풍뎅이, 반딧불이, 동애 등에, 꽃무지, 뒤영벌, 그 밖에 농림수산식품부령으로 정하는 동물을 말한다."라고 규정하고 있다. 그런데, 이 법률에서 말하는 산업곤충의 범위에는 분류학적인 진정한 곤충 이외에도 거미류, 지네류, 그 밖에 농림수산식품부장관이 정하여 고시하는 무척추동물도 포함될 수 있게 하였다. 따라서 농업인이 사육을 통하여 경제적 가치를 얻을 수 있는 곤충을 포함한 절지동물뿐 아니라 향후에는 일부의 무척추동물이 여기에 해당될 수 있도록 준비해둔 것이라 볼 수 있다.

02

쓰임새로
나누어 보는 **산업곤충**

2-1

먹거리식물의
중매쟁이로 쓰이는 곤충

배짧은꽃등에

학 명	*Eristalis cerealis* Fabricius		
목 명	Diptera(파리목)	과 명	Syrphidae(꽃등에과)
국 명	배짧은꽃등에	별 칭	

| 성 충 형 태 | 몸길이 12mm 정도. 앞머리는 황갈색의 가루로 덮여 있으며, 얼굴은 흑색 바탕에 회색가루와 황색의 잔털이 덮여 있고 중앙이 튀어나와 흑색의 세로줄이 뚜렷하다. 가슴등판은 짙은 회녹색이며, 배는 흑색으로 제2마디에는 1쌍의 황갈색을 띤 삼각무늬가 있는데 수컷이 특히 뚜렷하다. 꽃에 앉아 있으면 꿀벌과 착각할 만큼 화려한 색깔과 모양을 갖고 있다. |

DNA 바코드 염기서열 정보	대표 개체 코드	14825	염기 서열 큐알코드	
	분석 개체수	11개체		
	서열차이	0%		

생 태 정 보	식성	부식성: 썩은 식물질(유충), 식식성: 화분, 화밀(성충)
	생활사	1년 1세대 이상 발생. 성충은 4~11월까지 꽃이 있는 곳에는 어디서나 볼 수 있다. 끈적거리는 주둥이로 식물의 꽃가루받이를 도와주기 때문에 화분매개 곤충으로 이용된다. 반면에 애벌레는 부식성이어서 사육 방법을 달리해야 한다.

분 포	국내	전국	국외	일본, 중국, 러시아 극동지역, 동남아시아

고 유 성	토종곤충자원(아시아 고유종)						
자원활용도	화분매개곤충						
종충확보	분양		구매		채집	○	수입	

활용현황	• 화분매개용: 1984년 유충의 인공사료제조법이 특허출원 되었고, 1996년 시설하우스에서 과일류 수정율 향상방안이 연구되었다. 하지만, 최근에 상업적으로 사용된 경우는 드문편이다.

꽃등에류 유충

연두금파리

학 명	*Lucilia illustris* (Meigen)		
목 명	Diptera(파리목)	과 명	Calliphoridae(검정파리과)
국 명	연두금파리	별 칭	

성충형태	몸길이 6~9㎜. 겹눈은 흑갈색이고 이마는 검정색이며 머리는 흰가루로 덮여있다. 뺨에는 회색 가루가 덮여 있고 짧은 검정 털이 약간 나 있다. 더듬이 첫번째 마디는 검은색이고, 두번째 마디의 끝은 주황색이며, 세번째 마디의 길이는 두번째 마디보다 세 배 정도 길며, 흑갈색을 띤다. 날개맥은 갈색이다. 가슴과 배는 광택이 나는 녹색이고, 다리는 검정색이다.

DNA 바코드 염기서열 정보	대표 개체 코드	15327	염기 서열 큐알코드	
	분석 개체수	2개체		
	서열차이	0~0.3%		

생태정보	식성	부식성: 썩은 고기나 배설물(유충)
	생활사	1년 여러 세대. 성충은 꽃 방문자이다. 암컷은 산란을 위한 단백질원을 필요로 한다. 대략 200개의 알을 한 번에 낳는데, 일생동안 10번 정도 동물사체에 주로 산란한다. 알은 25℃ 조건에서는 24시간 내에 부화되고, 유충은 구더기 상태로 썩은 고기를 먹으면서 3령까지 14일 정도 걸려 성장하고, 대략 10일간 번데기 기간을 거쳐 성충이 된다.

분 포	국내	전국	국외	구북구, 북미, 인도, 뉴질랜드, 호주

고유성	토종곤충자원(범세계 분포종)

자원활용도	화분매개곤충: 양파

종충확보	분양		구매		채집	○	수입	

활용현황	• 양파 화분매개용: 주로 양파의 채종을 위하여 연두금파리를 화분매개충으로 사용하여 왔다. 양파 채종재배 하우스 안에 부패된 동물질을 넣어 연두금파리를 인공으로 증식하면서 사용한다.

검정뺨금파리

학 명	*Chrysomyia megacephala* (Fabricius)		
목 명	Diptera(파리목)	과 명	Calliphoridae(검정파리과)
국 명	검정뺨금파리	별 칭	

성충형태	몸길이 8~13㎜. 머리의 양쪽 부분이 광택 나는 검은색이고, 겹눈은 매우 크고 빨간색을 띤다. 더듬이는 겹눈의 색과 비슷하며 몸의 등면은 금속광택이 나는 초록색이다. 마지막 배마디는 집게 모양으로 길게 뻗어 있고 안쪽의 돌기는 끝이 둥글고 바깥쪽의 돌기는 끝이 뾰족하다.

DNA 바코드 염기서열 정보	대표 개체 코드	KC346238(NCBI)	염기서열 큐알코드	
	분석 개체수	0		
	서열차이	0%		

생태정보	식성	부식성: 동물 사체, 배설물(유충)
	생활사	1년 여러 세대. 주변에서 흔히 볼 수 있는 종으로, 햇빛이 잘 드는 개활지보다 그늘진 계곡 주변, 산지나 농지에서 많이 관찰할 수 있다. 암컷은 200~300개의 알을 사람 똥, 육류 또는 생선에 낳는다. 알은 대개 하루 만에 부화하여 유충은 5.4일, 번데기 5.3일 걸려 성충이 된다. 성충은 대개 일주일 정도 산다.

분포	국내	전국	국외	일본, 중국, 동남아시아, 남미(도입), 북미(침입)

고유성	토종곤충자원(아시아 고유종)

자원활용도	화분매개곤충, 법의곤충

종충확보	분양	○	구매		채집	○	수입	

활용현황	• 망고 화분 매개용: 망고하우스에 생선류를 넣어 검정뺨금파리를 유인하여 꽃가루받이용으로 이용하였다. 개체수밀도가 높은 점은 장점이나 유인용으로 쓴 동물질의 부패로 인한 악취가 심한 단점이 있다. • 법의학용: 이 종은 사고가 발생되면 최초로 날아드는 파리 중의 하나로서 사체에서 유충의 성장 정도 등을 통해서 사망 시간을 유추할 수 있다.

호박벌

학 명	*Bombus ignitus* Smith		
목 명	Hymenoptera(벌목)	과 명	Apidae(꿀벌과)
국 명	호박벌	별 칭	
성충형태	몸길이 19~23mm(암컷), 12~19mm(일벌), 20mm 내외(수벌). 암컷의 몸은 흑색이며 날개는 회갈색인데 바깥가두리는 비교적 짙으며 광택이 있다. 몸에는 길고 연한 털이 빽빽이 나 있고 머리, 가슴, 배의 앞쪽 반은 적갈색이다. 제6배마디의 중앙에는 털이 적다. 수컷은 온몸에 선명한 노란색 털이 나 있고, 얼굴에도 노란색 긴 털이 조밀하게 나 있어 뚜렷이 구별이 된다.		

DNA 바코드 염기서열 정보	대표 개체 코드	6622	염기 서열 큐알코드	
	분석 개체수	71개체		
	서열차이	0~0.47%		

생태정보	식성	식식성: 꽃가루와 꽃꿀
	생활사	1년 1회 발생. 여왕벌은 4월 중순부터 나와 쥐 등이 파놓은 굴을 둥지로 이용한다. 성충은 장미과의 꽃을 선호한다. 암컷은 등마른 잎을 모아놓고 밀랍으로 만든 육아방을 만들어 산란한다. 주로 산지에 많다. 일벌은 5월 하순~10월 초순까지 꽃을 찾고, 수컷은 9월 상순~10월 초순에 걸쳐 나타난다. 사육할 때, 육아방에는 꽃가루와 꿀을 충분히 준비하고, 유충이 자라면서 육아방을 크게 만들거나 먹이를 추가하지만, 둥지 전체를 덮는 밀랍 덮개는 만들지 않는다.

분 포	국내	전국	국외	일본, 중국, 러시아 극동지역

고 유 성	토종곤충자원(동북아 고유종)						
자원활용도	화분매개곤충						
종충확보	분양	○	구매		채집	○	수입	

활용현황	• 화분매개용: 국내에서는 아직 유전자원 보존 및 육성단계에 있다. 산업곤충 회사인 코퍼트와 바이오베스트는 일본 등에 판매하고 있으나, 전 세계 판매비율의 1% 미만을 차지한다.

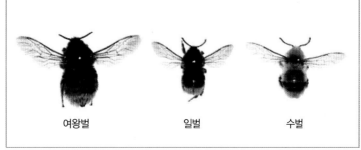

여왕벌	일벌	수벌

05 좀뒤영벌

학 명	*Bombus ardens* Smith			
목 명	Hymenoptera(벌목)	과 명	Apidae(꿀벌과)	
국 명	좀뒤영벌	별 칭		

성충형태	몸길이 14~16㎜. 암컷의 몸은 흑색이며 다리는 흑갈색이다. 몸의 밑면에는 회황색의 긴 털이 성기게 있다. 날개는 투명하고 약간 갈색이며 바깥가두리는 다소 짙은 색이다. 머리는 길지 않고 황색의 긴 털이 났고 얼굴에는 담황색의 긴 털이 났으며, 뺨은 털이 없이 평활하다. 뒷머리, 가슴. 배에는 황색의 긴 털이 밀생하고 제4~6배마디에는 담갈색의 긴 털이 나 있다.

DNA 바코드 염기서열 정보	대표 개체 코드	6388	염기 서열 큐알코드	
	분석 개체수	120개체		
	서열차이	0~0.32%		

생태정보	식성	식식성: 꽃가루와 꽃꿀
	생활사	1년 1회 발생. 여왕벌은 3월 중순~5월 중순까지 나오는데, 4월 상순에 주로 많이 채집된다. 새로운 일벌은 6월경에 출현한다. 사육방법은 호박벌에 준하나, 봉군의 크기가 50마리 정도로 봉세가 약한 것이 단점이다.

분 포	국내	전국	국외	일본

고 유 성	토종곤충자원(동북아 고유종)			
자원활용도	화분매개곤충			
종충확보	분양		구매		채집	○	수입	
활용현황	• 화분매개용: 자연에서는 가장 우점종인 점과 작은 봉군의 특징을 고려한 작물의 육종 등 소규모 화분매개에 활용할 수 있는 방법을 모색 중이다.

여왕벌   일벌   수벌

06 삽포로뒤영벌

학 명	*Bombus hypocrita sapporoensis* Cockerell		
목 명	Hymenoptera(벌목)	과 명	Apidae(꿀벌과)
국 명	삽포로뒤영벌	별 칭	

성충형태	몸길이 16~18㎜. 가슴의 목덜미에 있는 털은 노란색이며, 나머지 앞가슴 등판은 흑색털이 나온다. 소순판에도 밝은색의 털이 나기도 한다. 복부의 첫째등판은 여왕의 경우 흑색이나 일벌에서는 노란색이다. 뺨은 길이가 폭보다 좁다. 외관상 서양뒤영벌과 비슷해 보이지만, 복부 말단에 흰색이 없다.

DNA 바코드 염기서열 정보	대표 개체 코드	6713	염기 서열 큐알코드	
	분석 개체수	67개체		
	서열차이	0~1.46%		

생태정보	식성	식식성: 꽃가루와 꽃꿀
	생활사	1년 1회 발생. 여왕벌 출현기는 4월 중순~5월 말까지이며 대체적으로 5월 하순에 많이 출현한다. 사육방법과 조건은 호박벌과 동일하며, 봉군의 크기 또한 호박벌과 비슷하다. 주로 중북부지방이나 남쪽의 산지에 서식한다.

분포	국내	중부 및 남부 산지	국외	일본, 중국 동북지역, 러시아

고유성	토종곤충자원(동북아 고유종)

자원활용도	화분매개곤충

종충확보	분양		구매		채집	○	수입	

활용현황	• 화분매개용: 생김새와 활동성에서 서양뒤영벌과 가장 유사한 벌이다. 국내뿐 아니라 일본에서도 대량사육을 통한 상품으로 개발 연구를 하고 있다.

여왕벌　　일벌　　수벌

07 서양뒤영벌

학 명	*Bombus terrestris* (Linnaeus)		
목 명	Hymenoptera(벌목)	과 명	Apidae(꿀벌과)
국 명	서양뒤영벌	별 칭	

성충형태	몸길이 20~23mm(여왕벌), 10~12(11~17)mm(일벌), 14~16mm(수벌). 대형 종에 속한다. 또한, 긴 혀를 가지고 있기 때문에 장통형의 꽃을 포함하여 수많은 꽃을 방문한다. 온몸이 부풀부풀한 털로 덮여 있으며 황색, 백색 및 흑색의 뚜렷한 색채로 이루어져 있다. 일벌과 여왕벌은 개체의 크기에 의해 구별되며, 수벌은 복부가 7마디로서 백색 털이 존재하는 마디가 일벌보다 1마디 더 많으며, 더 엉성하게 산재되어 있어 구별된다.

DNA 바코드 염기서열 정보	대표 개체 코드	6743	염기 서열 큐알코드	
	분석 개체수	4개체		
	서열차이	0~0.56%		

생태정보	식성	식식성: 꽃가루와 꽃꿀
	생활사	1년 1회 발생. 야외에서 월동한 여왕벌은 새로운 둥지를 찾고 밀랍으로 골무 형태의 꿀 저장소를 만들고 화분을 모아 덩이를 만든다. 화분덩이 안을 파서 하나 또는 그 이상의 알을 낳고 왁스로 덮는다. 알에서 유충이 깨어나 화분 집을 먹으며 성장 한다. 여왕벌은 왁스를 열어서 더 많은 화분과 꿀을 공급하고, 성숙한 유충은 실크로 고치를 짓고 번데기가 되며, 곧 성충으로 우화한다. 새로운 일벌이 출현하면, 빈 고치를 꿀과 화분의 저장소로 사용한다. 알을 낳은 화분집을 늘리면서 종국엔 많은 일벌들이 나오게 된다. 실내사육법에서는 호박벌과 동일하나, 사육온도는 호박벌보다 1~2℃ 높게, 교미온도는 1~2℃ 낮게 한다.

분포	국내		국외	유럽, 북아프리카, 중앙아시아

고유성	도입곤충자원(외래종)

자원활용도	화분매개곤충

종충확보	분양		구매	○	채집		수입	○

활용현황	• 화분매개용: 전세계 뒤영벌 이용의 약 95%를 차지하고 있는 종으로, 1989년도부터 상품화되었고, 국내에는 1994년부터 수입되어 이용되었다. 하지만, 2003년 국립농업과학원에서 대량생산 연구에 성공하여 국내 뒤영벌 업체에 기술을 이전하고 서양뒤영벌 생산을 시작하였다. 2013년 기준으로 1만 봉군이 자체 생산되고 있다. 호박벌에 비해 교미율이 높고 세력의 발달이 우수해서 이용성이 높은 종이다.

집속의 봉군

여왕벌   일벌   수벌

머리뿔가위벌

학 명	*Osmia cornifrons* Radoszkowski		
목 명	Hymenoptera(벌목)	과 명	Megachilidae(가위벌과)
국 명	머리뿔가위벌	별 칭	
성 충 형 태	몸길이 10~12.5mm(암컷). 9~10mm(수컷). 암컷의 몸은 청색 광택이 있는 암록색으로 어깨판은 밝은 흑갈색이다. 털은 길고 밝은색과 적갈색에 흑색털이 섞여있다. 2~5 배마디의 등쪽 끝가장자리에는 흰색 털띠가 선명치 않다. 꽃가루솔은 약간 어두운 적갈색이다. 이마방패 중앙에서 조금 부풀어있고, 양쪽에 각각 한 개씩 난 뿔은 길고 약간 바깥을 향해서 멀리 떨어져 보인다. 수컷은 털색이 암컷보다 조금 연하고, 흑갈색털이 섞여있다. 더듬이 마디수가 암컷은 12마디인 것에 비하여 수컷은 13마디이다.		

D N A 바 코 드 염기서열 정 보	대표 개체 코드	7203	염기 서열 큐알코드	
	분석 개체수	6개체		
	서열차이	0~0.15%		

생 태 정 보	식성	식식성: 꽃가루(유충)
	생활사	1년 1회 발생. 성충은 4월 중순부터 출현하여 6월까지 활동한다. 1개 소통에는 평균 7~8개의 알을 낳는데, 암컷은 화분덩어리마다 1개씩, 일생동안 20~30개의 알을 낳는다. 유충기간은 30~35일이고, 번데기는 고치를 튼다. 8~9월 중순에 고치 속에서 성충이 되어 이듬해 봄까지 휴면을 한다. 화분매개활동에서 1분에 15개 정도의 꽃을 방문할 수 있다. 자신이 나온 곳을 기억하여 다시 그곳에서 방을 만들고 영소하며 산란하는 습성을 가지고 있다.

분 포	국내	남부, 중부지방	국외	일본, 중국, 러시아 극동지역, 북미(도입)

고 유 성	토종곤충자원(동북아 고유종)			
자원활용도	화분매개곤충			

종충확보	분양		구매	○	채집	○	수입	

활용현황	• 화분매개용: 산란된 인공둥지에서 자란 번데기를 수거하여 보관하였다가 이듬해에 과수원에 내어 화분매개에 이용한다. 이 종은 국내의 자연환경에서 우점종으로 나타나며, 주로 사과 꽃의 수정벌로 이용한다. 반면에, 일본에서는 딸기, 블루베리 등에 활용을 시험 중에 있다. 미국에서 1977년 도입하여 목초작물 등 이용성을 넓히기 위한 연구가 진행중이다.

대통트랩

고치

암컷

뽈가위벌

학 명	*Osmia pedicornis* Cockerell		
목 명	Hymenoptera(벌목)	과 명	Megachilidae(가위벌과)
국 명	뽈가위벌	별 칭	

성충형태	몸길이 12〜15㎜(암컷), 10〜13㎜(수컷). 국내 뽈가위벌류 중에서 가장 큰 종이다. 암컷은 몸은 대체로 금속성 광택이 있는 청색이나 암록색에서 흑색에 가깝고 몸 전체에 난 털들은 주로 옅은 황백색이 많다. 배의 3〜5마디 등판은 흑색털로 덮여있다. 배 아랫면에 꽃가루를 운반하는 꽃가루솔은 적갈색이다. 이마방패 양편에 난 뿔은 길고 약간 바깥쪽을 향하는데, 그 끝은 두 갈래로 갈라진다. 수컷은 암컷과 비슷하나, 배 등판의 끝가장자리가 좁은 밤갈색 띠처럼 보이고, 제4〜6마디 등판은 주로 흑색털로 덮여있다. 더듬이 마디 수가 암컷은 12마디 인것에 비하여 수컷은 13마디이다.

DNA 바코드 염기서열 정보	대표 개체 코드	7219	염기 서열 큐알코드	
	분석 개체수	20개체		
	서열차이	0%		

생태정보	식성	식식성: 꽃가루(유충)		
	생활사	1년 1회 발생. 생태는 머리뽈가위벌과 비슷하다.		

분 포	국내	전국	국외	일본, 중국, 러시아 극동지역

고 유 성	토종곤충자원(동북아 고유종)					

자원활용도	화분매개곤충					

종충확보	분양		구매	○	채집	○	수입	

활용현황	• 화분매개용: 주로 사과 수정에 이용되며 이용법은 머리뽈가위벌과 같다.

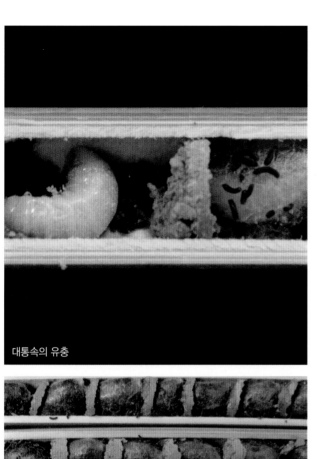

대통속의 유충

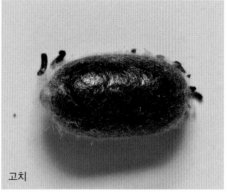

고치

암컷

대통속의 고치

암수 한쌍

붉은뿔가위벌

학 명	*Osmia taurus* Smith		
목 명	Hymenoptera(벌목)	과 명	Megachilidae(가위벌과)
국 명	붉은뿔가위벌	별 칭	능금뿔가위벌

성 충 형 태	몸길이 11~12㎜(암컷), 9~11㎜(수컷). 암컷은 중형의 종으로 암록색에 금속성의 광택이 있다. 어깨판은 밤갈색이다. 털은 짙은 적색이고 흑색털이 섞여있다. 배의 제4~5마디 등판은 흑색털이 많이 섞여있으며 끝부위에는 흑색 털이 약간 나있다. 꽃가루솔은 밝은 적색이다. 머리방패의 앞 옆에 난 뿔은 각각 짧고 굵으면서 안으로 휘어지며 뾰족하다. 수컷은 몸에 난 털이 얼굴을 제외하고 주로 적갈색이며 흑색털이 약간 섞여있다. 더듬이 마디 수가 암컷은 12에 비하여 수컷은 13마디이다. 붉은뿔가위벌과 능금뿔가위벌은 분류학적으로 같은 종이다.

DNA 바코드 염기서열 정보	대표 개체 코드	7440	염기 서열 큐알코드	
	분석 개체수	4개체		
	서열차이	0%		

생 태 정 보	식성	식식성: 꽃가루(유충)		
	생활사	1년 1회 발생. 기본적으로 생태는 머리뿔가위벌과 비슷하다.		

분 포	국내	전국	국외	일본, 중국, 러시아 극동지역, 북미

고 유 성	토종곤충자원(동북아 고유종)						

자원활용도	화분매개곤충						

종충확보	분양		구매		채집	○	수입	

활용현황	• 화분매개용: 주로 사과 수정에 이용되며 이용법은 머리뿔가위벌과 같다.

수컷

암컷

고치

재래꿀벌(동양종꿀벌)

학 명	*Apis cerana* Fabricius		
목 명	Hymenoptera(벌목)	과 명	Apidae(꿀벌과)
국 명	재래꿀벌	별 칭	토종벌

성충형태	몸길이 10㎜ 정도. 암컷은 흑갈색이고 갈색의 긴 털이 많다. 배는 거의 황갈색인 것부터 후반 각 배마디에 흑갈색 띠가 있는 것과 전부 흑갈색인 것이 있다. 배마디의 색에 따라 여러 가지 변종으로 나누어지고 전반적으로 양봉꿀벌에 비해 검다. 양봉꿀벌과는 뒷날개의 중앙맥(M3+4맥)이 짧은 것으로 구별할 수 있다.

DNA 바코드 염기서열 정보	대표 개체 코드	6993	염기 서열 큐알코드	
	분석 개체수	2개체		
	서열차이	0~0.31%		

생태정보	식성	식식성: 꽃가루와 꽃꿀
	생활사	원래는 나무의 빈속이나 흙 속 공간에 수직으로 집을 짓는다. 4월 초부터 6월까지 번식을 한다. 인공적으로는 속을 비운 통나무를 세워 만든 벌집이나 직사각형의 상자를 붙여 기둥처럼 만든 벌집을 바위 밑이나 숲속에 두고 꿀을 딴다. 꿀은 1년에 한번 가을에 수확하며 우리나라에서 예전부터 이용해 온 벌이라서 '토종벌'이라고 부른다. 양봉꿀벌에 비해 꿀을 따는 능력은 떨어지나 겨울의 추위를 견디는 능력은 뛰어나다. 자연히 벌집 돌틈에 지어 생긴 꿀을 석청, 나무틈에서 생긴 꿀은 목청이라 한다.

분 포	국내	전국	국외	일본, 중국, 동남아시아

고유성	토종곤충자원(아시아 고유종)

자원활용도	화분매개곤충, 물질이용곤충

종충확보	분양		구매	○	채집		수입	

활용현황	• 화분매개용: 시설작물 등에서 직접적인 이용은 없으나, 자연적인 역할을 통해서 작물의 수분매개를 돕는다. • 물질이용: 토종벌은 주로 꿀 생산을 주목적으로 하는데, 생산량이 적은 만큼 꿀 가격은 높다. 전통적으로 토종꿀은 민약처럼 이용되어 왔다.

벌집안의 여왕벌과 일벌들

양봉꿀벌(서양종꿀벌)

학 명	*Apis mellifera* Linnaeus		
목 명	Hymenoptera(벌목)	과 명	Apidae(꿀벌과)
국 명	양봉꿀벌	별 칭	

성충형태	몸길이 12㎜ 정도. 여왕벌은 배는 길어 가슴의 두 배나 되며, 더듬이와 머리방패의 가장자리가 황갈색을 띠고 있어 일벌과 구별된다. 수컷은 일벌보다 크고 겹눈은 정수리에 서로 붙어 있으며 주둥이는 퇴화했고 회황색의 털이 촘촘히 나 있다. 일벌은 온몸에 갈색기를 지닌 회황색 털이 많이 나 있으며 제1~2배마디는 적갈색이고 나머지는 배마디는 흑갈색이다. 날개는 투명하고 황색이 돌며 시맥은 흑갈색을 띤다.

DNA 바코드 염기서열 정보	대표 개체 코드	6321	염기서열 큐알코드	
	분석 개체수	15개체		
	서열차이	0~0.31%		

생태정보	식성	식식성: 꽃꿀과 꽃가루(유충)
	생활사	사육관리가 되는 종이다. 벌통안의 세로로 배열된 상자 틀의 양면에 6각통 모양의 방을 만들어 생활한다. 벌집 중앙의 보육방에서 여왕벌은 산란을 계속하고, 일벌은 벌집 방의 청소, 유충의 키우기, 꽃꿀이나 꽃가루의 수집과 저장, 집만들기 및 파수병 역할 등을 수행한다. 수벌은 여왕벌과 짝짓기 때만 역할을 한다. 여왕벌의 유충은 일벌로부터 로열젤리만 받아먹고 성장하고, 총 16일 만에 성충이 된다. 일벌의 유충은 3일만 로열젤리를, 그 후에는 꽃가루에 꿀을 섞은 경단을 먹고 자라며 총 21일 만에 성충이 된다. 수벌은 4일만 로열젤리를 받아 먹고, 2.5일은 꽃가루 경단을 받아먹으며 24일만에 성충이 된다. 성충의 집단으로 월동을 한다.

분 포	국내	전국	국외	전 세계

고 유 성	토종곤충자원(범세계 분포종)

자원활용도	화분매개곤충, 물질이용곤충, 식약용곤충

종충확보	분양		구매	○	채집		수입	○

활용현황	꿀벌을 이용하는 산업을 양봉산업이라고 한다. 기원전 7000년 전부터 꿀벌은 아주 다양하게 이용되어 왔다. 2013년 「양봉산업의 육성 및 지원에 관한 법률안」이 발의된 바 있다.
	• 물질이용: 벌꿀, 로열젤리, 꿀벌 독, 화분 등이 모두 이용된다. 식용뿐 아니라 화장품, 동물약품 등 다양하게 이용된다.
	• 식용: 벌꿀, 로열젤리, 화분은 기본적으로 식용이면서 전통적으로는 약재에 더 가깝게 이용되었다.
	• 화분매개용: 시설하우스를 중심으로 화분매개 곤충으로서 양봉꿀벌의 이용이 늘고 있다.

회양목꽃 화분매개

꿀이 가득 찬 방

로열젤리

여왕벌 육아방(왕대)

2-2

먹거리식물과 나무 그리고 가축을 보호해 주는 곤충

미끌애꽃노린재

학 명	*Orius laevigatus* (Fieber)		
목 명	Hemiptera(노린재목)	과 명	Anthocoridae(꽃노린재과)
국 명	미끌애꽃노린재	별 칭	

성 충 형 태	몸길이 1.4~2.4mm. 우화 초기에는 황백갈색이지만, 곧 광택이 있는 갈색 내지는 흑갈색으로 변하며 날개는 조금 더 밝은 색을 띠며 눈은 적색을 띤다. 수컷보다 암컷이 작고, 복부 끝부분이 휘어져 있어 구별된다.

DNA 바코드 염기서열 정보	대표 개체 코드	9585	염기 서열 큐알코드	
	분석 개체수	5개체		
	서열차이	0~1.07%		

생 태 정 보	식성	포식성: 총채벌레, 진딧물, 나방류의 알 등
	생활사	성충은 주로 신엽이나 상위 엽 부근의 식물 조직 안에 산란하고, 유충(약충)은 0.6mm ~2.1mm까지 성장한다. 알에서 성충까지의 발육기간은 25℃ 조건에서 알 4.1일, 유충(약충) 11.4일이 걸리며, 성충 수명은 약 30일이다. 포식력은 총채벌레 2령 유충을 약 10여 마리 잡아먹는다. 암컷의 산란수는 150여 개이다. 사육동안 10~11시간 이상의 낮 조건과 50% 이상의 습도를 갖추어야 한다.

분 포	국내		국외	지중해와 북아프리카

고유성	도입곤충자원(외래종)						
자원활용도	천적곤충						
종충확보	분양		구매	○	채집		수입	○

활용현황	• 시설작물 천적용: 2005년 9월 국립식물검역소에서 수입허용천적으로 승인되어 그 해 11월부터 수입 이용되었다. 꽃노랑총채벌레(*Frankliniella occidentalis* (Pergrande)), 볼록총채벌레(*Scirtothrips dorsalis* Hood) 등의 총채벌레 방제용으로 사용된다.

담배장님노린재

학 명	*Nesidiocoris tenuis* (Reuter)		
목 명	Hemiptera(노린재목)	과 명	Miridae(장님노린재과)
국 명	담배장님노린재	별 칭	

성충 형태	몸길이 3.5~4㎜. 몸은 가늘고 길다. 몸은 연한 황녹색을 띠며 가는 털로 덮여 있고, 날개에는 갈색무늬가 있다. 머리의 정수리 앞쪽에 검은색 무늬가 있고, 겹눈은 크고 검은색이다. 더듬이는 짧고 연한 노란색으로, 제2마디는 굵고 짧으며, 중앙부는 나비가 넓고 검은색이다. 작은방패판의 기부는 약간 짙은 색이고 끝은 흑갈색이다. 앞날개 가죽질부의 끝부분은 흑갈색이고, 막질부의 날개맥은 약간 어두운 색이다. 몸의 아랫면과 다리는 연한 노란색이고 다리의 각 종아리마디 기부는 어두운 갈색이다.

DNA 바코드 염기서열 정보	대표 개체 코드	9550	염기 서열 큐알코드	
	분석 개체수	5개체		
	서열차이	0~0.15%		

생태 정보	식성	포식성과 식식성: 가루이, 잎응애, 진딧물, 총채벌레, 나방의 유충과 알 등 또는 식물 흡즙
	생활사	알-1~5령 유충(약충)-성충의 단계로 성장하며, 선호하는 온도는 25~28℃이다. 5℃ 조건에서 알~성충까지의 기간은 21.5일이며, 수명은 35일 정도로 긴 편이다. 암컷은 25℃에서 약 80개의 알을 식물의 조직 속에 낳는다. 성충은 하루 동안 가루이 알 30~40개, 1~5령 유충(약충) 15~20마리, 성충 2~5마리를 포식할 수 있다.

분 포	국내	전국	국외	일본, 중국, 대만, 동남아시아, 미크로네시아

고유성	토종곤충자원(아시아 고유종)

자원활용도	천적곤충

종충확보	분양		구매	○	채집	○	수입	

활용현황	• 시설작물 천적용: 수박, 참외, 토마토, 가지, 파프리카 등 모든 시설원예작물에 활용한다. . 담배가루이 천적인 황온좀벌, 온실가루이좀벌, 지중해이리응애 등이 정착하지 못하거나 방제효과가 낮은 경우 이 종을 활용하는 것이 좋다.

참딱부리긴노린재

학 명	*Geocoris pallidipennis* (Costa)		
목 명	Hemiptera(노린재목)	과 명	Lygaeidae(긴노린재과)
국 명	참딱부리긴노린재	별 칭	
성 충 형 태	몸길이 3~4㎜. 전체적으로 흑갈색에서 검은색을 띤다. 머리, 앞가슴등판, 작은방패판의 대부분은 흑색이고 날개만 짙은 갈색이다. 머리 폭이 유난히 넓으면서 큰 겹눈이 튀어나와 있다.		

DNA 바코드 염기서열 정 보	대표 개체 코드	9556	염기 서열 큐알코드	
	분석 개체수	6개체		
	서열차이	0%		

생 태 정 보	식성	포식성: 가루이류, 나방류, 총채벌레, 진딧물 등의 유충이나 알
	생활사	알−1~5령 유충(약충)−성충으로 성장한다. 5월경부터 출현하여 번식을 하며 7월 말~8월에 성충이 된다. 강낭콩, 명아주 등 식물의 잎 뒷면에 산란하고 약 4~6주간의 약충기간을 거쳐 성충이 된다. 성충으로 월동한다. 가지, 라벤다 등 12과 19종의 식물에서 채집된 기록이 있다. 25℃ 실내 사육에서 알~성충까지 약 43일 걸리고, 성충으로 62일 정도 생존하며, 암컷은 약 80개 정도의 알을 산란한다. 40℃에서도 성충은 산란과 포식이 가능하다.

분 포	국내	경북	국외	일본
고 유 성	토종곤충자원(동북아 고유종)			
자원활용도	천적곤충			

종충확보	분양		구매		채집	O	수입	

활용현황	• 시설작물 천적용: 2009년 경북 성주의 참외 비닐하우스에서 대발생한 담배가루이의 밀도를 감소시킨 사례가 있지만, 이 천적의 생물학적 특성은 거의 알려져 있지 않다. 하지만, 고온 조건에서 이용 가능성이 있어 보다 더 연구가 필요하다.

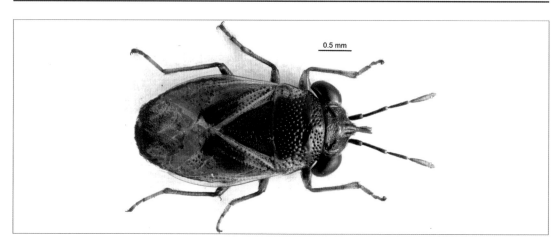

0.5 mm

다리무늬침노린재

학 명	*Sphedanolestes impressicollis* (Stål)		
목 명	Hemiptera(노린재목)	과 명	Reduviidae(침노린재과)
국 명	다리무늬침노린재	별 칭	
성 충 형 태	몸길이 13~16㎜. 몸은 검정색 바탕에 연노랑 또는 흰색 얼룩무늬를 갖는다. 등면은 광택이 강하다. 머리는 작고 길며, 겹눈 사이에는 가로홈이 있다. 앞가슴등판은 중앙에 십자 모양의 홈이 파였으며, 앞모서리는 뿔처럼 돌출하였다. 배는 옆가장자리가 넓게 늘어나 앞날개로 가려지지 않으며, 마디마다 띠무늬 장식을 갖는다. 다리는 검은 바탕에 흰색의 고리무늬가 많다.		

DNA 바코드 염기서열 정보	대표 개체 코드	7872	염기 서열 큐알코드
	분석 개체수	1개체	
	서열차이	0%	

생 태 정 보	식성	포식성: 잎벌레류나 나비목 곤충의 유충
	생활사	주로 나무나 풀밭에서 서식한다. 다른 곤충의 체액을 빨아먹는 노린재로서 최근 꽃매미 유충 포식이 목격되었다. 유충(약충)으로 월동을 하여 이듬해 봄에 성장한 성충은 6~9월까지 관찰된다. 그리고 10월쯤에 다시 유충(약충)이 관찰된다.

분 포	국내	전국	국외	일본, 중국

고 유 성	토종곤충자원(동북아 고유종)						
자원활용도	천적곤충						
종충확보	분양		구매		채집	○	수입	

활용현황	•산림 천적용: 솔껍질깍지벌레, 꽃매미 등 나무 해충의 천적으로 거론된 바 있으나, 충분한 생태와 대량사육법은 연구되지 못했다.

성충

유충(약충)의 포식 활동

일본풀잠자리

학 명	*Chrysoperla nipponensis* (Okamoto)		
목 명	Neuroptera(풀잠자리목)	과 명	Chrysopidae(풀잠자리과)
국 명	일본풀잠자리	별 칭	

성 충 형 태	앞날개 길이 10.5~13㎜. 뺨에서 이마방패의 양옆에 이르는 갈색의 줄무늬가 있다. 때때로 이마 양옆에 붉은색 줄무늬가 있을 때도 있다. 작은턱수염의 윗부분은 검은색을 띤다. 더듬이는 앞날개의 길이보다 짧다. 앞가슴등판에는 중앙에 노란색의 세로줄 무늬가 있고 양옆으로 갈색의 줄이 있다. 앞날개는 비교적 넓은 편이다. 발톱 기부가 크게 확장되어 있고, 그 길이가 발톱길이의 절반 정도이다.

DNA 바코드 염기서열 정보	대표 개체 코드	6539	염기 서열 큐알코드	
	분석 개체수	1개체		
	서열차이	0%		

생 태 정 보	식성	포식성: 진딧물류, 나비목의 알이나 유충, 가루이류 등
	생활사	진딧물이 발생하는 곳에 풍선을 단 막대기처럼 생긴 알에서 유충이 부화된다. 유충과 성충 모두 포식능력을 갖고 있다. 실험실 조건(20±1℃, 60~70%, 16L:8D)에서 유충은 25.6일 만에 성장한다. 가루깍지벌레를 주었을 때 포식력은 유충기 동안 440.2마리를 먹어 치웠다.

분 포	국내	전국	국외	일본, 중국, 러시아 극동지역, 몽골, 필리핀

고 유 성	토종곤충자원(아시아 고유종)

자원활용도	천적곤충

종충확보	분양		구매	○	채집	○	수입	

활용현황	• 노지 천적용: 토착천적으로 현재는 배 과수원에서 가루깍지벌레 방제용으로 이용되고 있다.

성충

갈고리뱀잠자리붙이

학 명	*Micromus angulatus* (Stephens)		
목 명	Neuroptera(풀잠자리목)	과 명	Hemerobiidae(뱀잠자리붙이과)
국 명	갈고리뱀잠자리붙이	별 칭	
성 충 형 태	몸길이 12~16㎜. 앞날개 길이 6~6.8㎜. 몸은 풀잠자리 같으며, 밝은 갈색을 띤다. 얼굴, 뺨과 정수리는 밝은 황색을 띤다. 앞날개는 얼룩무늬가 점차적으로 농도가 달라져 보이고, 작은 조각 반점들이 산재한다. 2~3개의 가로지르는 널이 있다. 날개맥 Rs에 4개(암컷) 또는 5개(수컷)의 가지맥이 있다. 뒷날개는 투명하다.		

D N A 바 코 드 염기서열 정 보	대표 개체 코드	9538	염기 서열 큐알코드	
	분석 개체수	6개체		
	서열차이	0~0.15%		

생 태 정 보	식성	포식성: 진딧물, 깍지벌레, 응애 등
	생활사	25℃에서 알 기간은 4.4일, 유충은 5.5일, 번데기는 6.9일이었다. 암컷 성충의 수명은 34.9일, 산란 기간은 28.7일이었고, 총 산란수는 515.2개, 1일 최대 산란수는 54.8개였다. 25℃에서 싸리수염진딧물의 1령, 2령, 3령 및 성충의 일일 포식량은 각각 18.9, 47.2, 57.7 및 91.0마리였다.

분 포	국내	충남, 전북	국외	구북구, 신북구, 신열대구
고 유 성	토종곤충자원(유라시아와 아메리카 분포종)			
자원활용도	천적곤충			

종충확보	분양		구매	○	채집	○	수입	

활용현황	• 진딧물 천적용: 뱀잠자리붙이류 가운데 세계적으로 많이 연구된 종으로 진딧물의 포식성 천적으로 이용이 가능하다.

칠성무당벌레

학 명	*Coccinella septempunctata* Linnaeus		
목 명	Coleoptera(딱정벌레목)	과 명	Coccinellidae(무당벌레과)
국 명	칠성무당벌레	별 칭	

성 충 형 태	몸길이 8㎜ 정도. 더듬이, 머리, 앞가슴등판은 검정색을 띠고, 딱지날개는 광택이 나는 옅은 황색 바탕에 7개의 검은 점이 나 있다.				

D N A 바 코 드 염기서열 정 보	대표 개체 코드	9204	염기 서열 큐알코드	
	분석 개체수	7개체		
	서열차이	0~0.46%		

생 태 정 보	식성	포식성: 진딧물, 총채벌레, 가루이, 응애, 나비목 해충의 알
	생활사	1년 2회 이상 발생. 날이 따뜻할 경우 3월 초에도 애벌레를 볼 수 있다. 암컷은 200~1,000개의 알을 낳는다. 유충은 진딧물 등을 잡아먹으며 4령까지 성장하는데, 온도조건에 따라 10~30일 걸린다. 번데기 기간은 3~12일 소요된다. 주로 산지의 가장자리나 평지의 키가 작은 초본에서 진딧물을 잡아먹는다. 대체로 추위에는 강하나 더위에 약하다.

분 포	국내	전국	국외	거의 전세계(북미: 도입)

고 유 성	토종곤충자원(범세계 분포종)						
자원활용도	천적곤충						
종충확보	분양		구매	○	채집	○	수입	

활용현황	• 시설 및 노지작물 천적용: 진딧물의 포식력이 좋은 곤충으로 상품화되어 판매된다. 다만, 먹이가 부족할 때, 다른 곳으로 이동을 하거나 동종포식을 하는 습성이 있어 주의를 요한다.

성충

번데기

유충

무당벌레

학 명	*Harmonia axyridis* (Pallas)		
목 명	Coleoptera(딱정벌레목)	과 명	Coccinellidae(무당벌레과)
국 명	무당벌레	별 칭	

성 충 형 태	몸길이 3.7~3.9㎜. 몸은 광택이 나고, 딱지날개의 무늬는 변이가 매우 크다. 황갈색 바탕에 검정색 점무늬, 검정색 바탕에 붉은 점무늬, 황색 바탕에 점이 없는 경우 등 다양하다. 거의 대부분의 개체가 딱지날개 끝 부근에서 회합선 양옆으로 가로 주름이 잡혀 있다.

D N A 바 코 드 염기서열 정 보	대표 개체 코드	15019	염기 서열 큐알코드	
	분석 개체수	63개체		
	서열차이	0~0.77%		

생 태 정 보	식성	포식성: 주로 진딧물, 또는 비슷한 크기의 부드러운 곤충들
	생활사	1년 2회 이상 발생. 암컷은 진딧물이 있는 곳 주변에 알을 낳고, 애벌레는 2~3주만에 번데기를 거쳐 성충이 된다. 유충과 성충 모두 진딧물을 중심으로 포식한다. 늦가을에는 성충들이 떼로 모여들어 무리를 만들어 월동한다. 무당벌레는 기본적으로는 관목 이상의 키가 큰 나무를 선호지만, 때로는 키작은 초본에도 간다.

분 포	국내	전국	국외	일본, 중국, 대만, 러시아 극동지역 및 시베리아. 유럽(침입), 미국(도입)

고 유 성	토종곤충자원(동아시아 고유종)				
자원활용도	천적곤충				
종충확보	분양		구매	채집	○	수입	
활용현황	• 노지 및 시설작물 천적용: 포식력은 좋으나, 이동성이 큰 것이 장점이자 단점으로 먹이가 부족하면 다른 곳으로 이주해 버린다. 기온이 매우 높은 곳은 선호하지 않는다.

짝짓기

유충

산란

09 꼬마남생이무당벌레

학 명	*Propylea japonica* (Thunberg)		
목 명	Coleoptera(딱정벌레목)	과 명	Coccinellidae(무당벌레과)
국 명	꼬마남생이무당벌레	별 칭	

성 충 형 태	몸길이 3~4.5㎜. 대부분의 개체들은 앞가슴등판이 유백색인데 흑갈색이 넓게 앞쪽 부근까지 차지한다. 딱지날개에도 검은 점이 거북무늬처럼 발달했다. 하지만 개체변이가 심하여 등면의 대부분은 황색이고, 딱지날개에 검은 점만 2개인 것도 있고, 등면 전체가 거의 완전히 검은색으로 덮인 개체도 있다. 성충의 암·수 구분은 머리부분이 완전히 노란색이면 수컷이고, 이마 가운데 검은 점이 있으면 암컷이다.

D N A 바 코 드 염기서열 정 보	대표 개체 코드	14822	염기 서열 큐알코드	
	분석 개체수	7개체		
	서열차이	0~1.15%		

생 태 정 보	식성	포식성: 주로 진딧물 류
	생활사	1년 3세대 이상. 늦은 봄부터 가을까지 풍부한 개체수를 유지한다. 산지의 가장자리와 평지의 풀밭에서 산다. 암컷은 식물의 잎이나 줄기 등에 알을 10~15개씩 차례로 세워 붙여 알더미를 이룬다. 유충은 4령기까지 있으며, 1령부터 진딧물을 포식한다. 25℃ 조건에서는 알 3.3일, 유충 기간 11일, 번데기 기간 4일 정도 소요된다. 월동은 성충으로 한다.

분 포	국내	전국	국외	일본, 중국, 대만, 러시아 동부, 몽골, 인도 북부지역

고 유 성	토종곤충자원(아시아 고유종)

자원활용도	천적곤충

종충확보	분양		구매		채집	○	수입	

활용현황	• 노지 및 시설작물 천적용: 몸은 작은 편이지만, 무당벌레 중에서 더위에 강한 편이며 특히, 키 작은 식물에서 다양한 진딧물을 포식할 수 있다. 시설재배지에서 이용할 때, 먹이가 없으면 외부로 이탈하는 등 정착하는 능력이 떨어질 수 있으나, 오이시설재배에서 목화진딧물 방제 능력은 좋은 것으로 확인되었다.

쌍점형 성충

거북무늬형 성충

노랑무당벌레

학 명	*Illeis koebelei* Timberlake			
목 명	Coleoptera(딱정벌레목)	과 명	Coccinellidae(무당벌레과)	
국 명	노랑무당벌레	별 칭		
성 충 형 태	몸길이 3.5~5.1㎜. 중형의 무당벌레로 전체적으로 노란색을 띨 뿐 아니라 앞가슴등판의 기부 쪽에는 1쌍의 검은 점무늬가 있어 다른 종들과 쉽게 구별된다. 입의 턱구조가 잎 표면에 있는 균류의 포자를 잘 긁어먹을 수 있는 구조를 가졌다.			

DNA 바코드 염기서열 정 보	대표 개체 코드	8649	염기 서열 큐알코드	
	분석 개체수	6개체		
	서열차이	0~1.62%		

생 태 정 보	식성	균식성: 흰가루병균(감나무, 오이, 고추, 배나무 등)		
	생활사	1년 1회 발생. 4월에서 10월 말까지 성충이 관찰되지만, 늦여름부터 유충들이 많이 관찰된다. 성충으로 월동한다. 25℃ 실내사육에서 산란된 알은 3~4일이면 부화되어, 14~18일만에 유충과 번데기 과정을 거친다. 성충은 먹이조건만 맞으면 3달 이상 생존이 가능하다. 오이 잎의 흰가루병균이 발생하는 23~25℃에서 잘 발생하였다.		

분 포	국내	전국	국외	일본, 중국, 대만
고 유 성	토종곤충자원(동북아 고유종)			
자원활용도	천적곤충			

종충확보	분양	○	구매		채집	○	수입	

활용현황	• 시설작물 천적용: 아직 시판되는 천적은 아니다. 경기도농업기술원에서 유충과 성충은 흰가루병균을 섭식하기 때문에 흰가루병의 방제에 이용할 수 있는 가능성을 제시하였고, 2012년 인공사육법을 특허출원하였다.

짝짓기

진디혹파리

학 명	*Aphidoletes aphidimyza* (Rondani)		
목 명	Diptera(파리목)	과 명	Cecidomyiidae(혹파리과)
국 명	진디혹파리	별 칭	
성 충 형 태	몸길이 2.5㎜ 정도. 몸이 가늘며 다리도 가늘고 길어 연약해 보이는 곤충이다. 배는 붉은색이고 나머지 몸 부분은 회갈색을 띤다. 암컷의 더듬이는 굵고 짧으며 나 있는 털들도 짧다. 수컷은 더듬이가 길고 굽어있으며 나 있는 털들이 길다.		

D N A 바코드 염기서열 정 보	대표 개체 코드	8576	염기 서열 큐알코드	
	분석 개체수	7개체		
	서열차이	0%		

생 태 정 보	식성	포식성(유충): 다양한 진딧물(최소 61종)
	생활사	낮에는 잎 아래 붙어 있고 밤에 활발히 활동한다. 암컷은 100∼250개 정도의 알을 진딧물집단 사이에 낳는다. 2∼3일후 부화해서 3∼7일에 3령까지 성장하고, 종령 유충은 땅에 떨어진다. 흙과 함께 약 2㎜ 정도의 갈색 고치를 짓고 그 속에서 번데기가 된다. 구더기형 유충은 진딧물의 피부 또는 다리관절 사이에 독액을 주입하여 마취시키고 체액을 빨아먹는다. 진딧물 밀도가 높을 때는 먹지않고 죽여두는 경우가 많다. 유충 한마리가 성장하면서 10∼30마리의 진딧물을 잡아먹는다.

분 포	국내	전국	국외	유럽, 아시아, 북미, 아프리카

고 유 성	토종곤충자원(범세계 분포종)						
자원활용도	천적곤충						
종충확보	분양		구매	○	채집		수입	○
활용현황	• 시설작물 천적용: 2003년부터 이용하기 시작하여 진딧물이 초기 콜로니를 형성하였을 때 진디혹파리를 방사하여 적용한다. 번데기 형태로 판매되므로 작물체 주변에 직사광선을 피하여 분배용기에 담긴 상태로 뚜껑을 열어 두면 된다.						

진딧물을 잡아먹는 진디혹파리 유충(노란색)

호리꽃등에

학 명	*Episyrphus balteatus* (De Geer)		
목 명	Diptera(파리목)	과 명	Syrphidae(꽃등에과)
국 명	호리꽃등에	별 칭	

성 충 형 태	몸길이 8~11mm. 몸은 전체적으로 작고 가늘며 검정색 바탕에 황색 줄무늬가 많다. 머리는 비교적 길며, 이마는 대단히 좁고 황회색 가루로 덮여 있다. 가슴등판은 길고 구릿빛의 광택이 나는 검정색 이며 2쌍의 황회색 또는 회백색 가루로 된 세로띠가 있고 중앙에도 1개의 가는 줄이 있다. 작은방패 판은 크고 젖빛을 띤 황색이며, 다리는 황색이나 뒷다리는 다소 짙은 갈색이다. 수컷의 배는 폭이 좁 으며 황색의 띠무늬도 단순하나, 암컷은 가는 가로띠가 나란히 더 있다.

DNA 바코드 염기서열 정 보	대표 개체 코드	6190	염기 서열 큐알코드
	분석 개체수	8개체	
	서열차이	0~0.83%	

생 태 정 보	식성	포식성: 진딧물류(유충), 식식성: 화분과 화밀(성충)
	생활사	꽃주변에서 5~10월까지 흔히 볼 수 있는 종으로 성충은 꽃에서 꿀과 꽃가루를 먹고 산 다. 진딧물 밀도가 높은 곳에 암컷이 흰색 소시지 모양의 알을 낳으며, 2~3일 후 부화하 여 유충이 된다. 유충은 구더기 모양으로 생겼으며, 진딧물을 포식하는데, 성장기간 중 약 300~500마리를 잡아먹는다. 다 자란 유충은 잎에서 길쭉한 반구형 번데기로 변했 다가 성충으로 우화한다.

분 포	국내	전국	국외	일본, 중국, 대만, 유럽, 북아메리카

고 유 성	토종곤충자원(유라시아와 북미 분포종)

자원활용도	천적곤충, 화분매개곤충

종충확보	분양		구매		채집	O	수입	

활용현황	• 천적용: 네덜란드에서는 진딧물의 생물적 방제용 천적으로 상품화되어 있다. 고추, 파프리카와 같 이 잎에 털이 없어 구더기형 유충의 이동이 쉬운 작물에서 효과적이다. 국내에서는 아직 진딧물 방제용으로 상품화 되어있지 않다. • 화분매개용: 성충은 알을 생산하기 위해서 꿀과 화분을 먹어야 하므로, 자연에서는 화분매개곤충 의 역할을 한다.

꽃등에류 유충

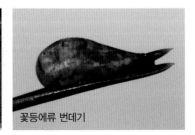
꽃등에류 번데기

개미침벌

학 명	*Sclerodermus harmandi* (Buysson)		
목 명	Hymenoptera(벌목)	과 명	Bethylidae(침벌과)
국 명	개미침벌	별 칭	

성 충 형 태	몸길이 약 2~4㎜. 가늘고 긴 몸 형태를 한다. 날개가 없어 개미와 생김이 비슷하다. 몸은 전체적으로 광택이 있는 어두운색 또는 적갈색을 띠고, 배는 흑갈색을 띠면서, 머리와 가슴보다 어둡다.

D N A 바 코 드 염기서열 정 보	대표 개체 코드	15363	염기 서열 큐알코드	
	분석 개체수	2개체		
	서열차이	0%		

생 태 정 보	식성	기생성: 주로 천공성해충의 유충과 번데기
	생활사	나무 속에 알을 낳는 하늘소류의 유충의 몸밖에 기생하는데, 체액을 빨아들여 기주를 죽이는 방식을 쓴다. 6~10월까지 성충이 활동하고 11월 말이나 12월 초부터 3월 중순까지 기주곤충이 만들어 놓은 터널 안에서 성충으로 월동한다. 암컷 성충의 수명은 약 1개월인 반면, 수컷은 8~11일이다. 암컷은 평균 50~70개, 최대 120개의 알을 낳는다. 암컷은 알과 유충이 노숙유충이 되어 고치를 틀 때 까지 보호한다. 5~6일의 전용기간을 거쳐서 번데기가 되며, 7월중 발생 최성기를 보인다. 기주곤충으로 솔수염하늘소, 북방수염하늘소, 울도하늘소의 노숙유충과 번데기를 먹이로 제공하면, 암컷의 발육은 25일~30일 정도 걸렸다. 우화한 개미침벌의 성비는 대략 10:1의 비로 암컷이 우세하였다.

분 포	국내	전국	국외	일본, 중국, 대만

고 유 성	토종곤충자원(동북아 고유종)

자원활용도	천적곤충

종충확보	분양		구매	○	채집	○	수입	

활용현황	• 산림 천적용: 소나무재선충을 매개하는 솔수염하늘소 방제에 2006년부터 투입이 시도되고, 2008년 개미침벌의 대량사육시스템이 특허등록되었다. 최근 2013년에는 포도 해충방제에 적용을 위한 방법이 선보여 졌다.

콜레마니진디벌

학 명	*Aphidius colemani* (Viereck)		
목 명	Hymenoptera(벌목)	과 명	Braconidae(고치벌과)
국 명	콜레마니진디벌	별 칭	
성충형태	몸길이 약 3~4㎜. 가늘고 뾰족한 몸 형태를 한다. 검정과 갈색을 띤다. 날개의 시맥이 뚜렷하지 않으며 더듬이가 길고, 배마디에 4개의 빗살주름이 있다.		

DNA바코드염기서열정보	대표 개체 코드	15271	염기서열큐알코드	
	분석 개체수	3개체		
	서열차이	0%		

생태정보	식성	기생성: 진딧물
	생활사	암컷이 진딧물 약충과 성충 몸에 알을 낳으면 깨어난 유충은 진딧물 몸 속에서 혈림프를 먹고 자란다. 4령이 되면 진딧물의 모든 조직을 먹어서 몸을 빈 껍질로 만든다. 알에서 성충까지 10일 정도 걸린다.

분 포	국내		국외	인도, 유럽지중해, 아시아소국, 아프리카, 호주남부, 남미

고 유 성	도입곤충자원(외래종)						
자원활용도	천적곤충						
종충확보	분양		구매	○	채집	수입	○

활용현황	• 시설작물 천적용: 2003년부터 도입된 종으로, 진딧물 기생성 천적으로 가장 많이 이용하는 종이다. 수명이 짧기 때문에 유지식물을 함께 시설에 넣어 활동을 지속할 수 있게 한다.

배노랑파리금좀벌

학 명	*Muscidifurax raptor* Girault and Sanders		
목 명	Hymenoptera(벌목)	과 명	Pteromalidae(금좀벌과)
국 명	배노랑파리금좀벌	별 칭	

성 충 형 태	몸길이 2.6~1.8㎜(암컷), 1.3~2.2㎜(수컷). 몸은 전체적으로 검은 색를 띤다. 더듬이는 13마디로, 자루마디가 황색이고, 채찍마디는 더 검은데, 털들로 인해 약간 회색을 띤다. 배는 제3마디 복부쪽 양쪽에 황갈색 반점이 있는데, 종종 퍼져서 하나의 띠처럼 보이기도 한다. 다리의 대부분은 황갈색을 띤다. 수컷은 배의 등면에 큰 둥근 황색반점이 있어 맨눈으로도 쉽게 눈에 띤다.

D N A 바 코 드 염기서열 정 보	대표 개체 코드	15366	염기 서열 큐알코드	
	분석 개체수	1개체		
	서열차이	0%		

생 태 정 보	식성	기생성: 집파리 등 파리류
	생활사	성충의 수명은 14일, 암컷 1마리가 파리번데기 100여 개에 알을 낳아 기생한다. 깨어난 유충은 기주인 파리 번데기 속에서 성장한다.

분 포	국내	전국	국외	북미 등 거의 전 세계

고 유 성	토종곤충자원(범세계 분포종)

자원활용도	천적곤충

종충확보	분양		구매	○	채집		수입	

활용현황	• 가축위생 천적용: 2003년 국내에서 개발된 천적으로서, 위생적인 가축 사육환경을 조성하기 위하여 돼지 목장 뿐 아니라 소, 닭, 오리 등의 사육장에 발생하는 파리류의 천적으로 이용되고 있다. 주로 파리류가 발생하는 4~9월에 축분집하장, 사료급여 시설 주변과 축사 주변에 설치된다.

황온좀벌

학 명	*Eretmocerus eremicus* Rose et Zolnerowich		
목 명	Hymenoptera(벌목)	과 명	Aphelinidae(면충좀벌과)
국 명	황온좀벌	별 칭	

성충형태	몸길이 1mm 정도. 아주 작고, 몸은 옅은 황색이며, 눈은 녹색을 띤다. 몸집에 비해 더듬이가 굵고 긴 편이다. 기생 당해 미이라처럼 된 기주색은 옅은 황색을 띠고 있다(온실가루이좀벌은 검정색).

DNA 바코드 염기서열 정보	대표 개체 코드	15246	염기 서열 큐알코드	
	분석 개체수	1개체		
	서열차이	0%		

생태정보	식성	기생성: 가루이류
	생활사	알은 약 4일 후에 부화하고 가루이의 내부 기생자와 외부 기생자로 발육한다. 부화된 유충은 3~4일이 지나면 가루이 약충에 구멍을 뚫고 안으로 들어간다. 벌 유충이 3령을 경과하면, 성충이 될 때까지 약 12일이 걸려서 우화한다. 알을 제외한 모든 령기의 약충에 기생하지만, 특히 2령 약충을 선호한다. 기생하여 2주가 경과되면 기주는 노란색으로 변한다.

분포	국내		국외	미국 남서부지역

고유성	도입곤충자원(외래종)

자원활용도	천적곤충

종충확보	분양		구매	○	채집		수입	

활용현황	• 시설작물 천적용: 세계적으로 1994년부터 가루이류 방제에 적용을 시작했으며, 2006년부터 국내에서 담배가루이 방제를 위하여 도입하여 사용하였다. 또한 높은 온도에서 활동이 활발해서 하우스의 가루이류 방제에 적합하다.

온실가루이좀벌

학 명	*Encarsia formosa* Gahan			
목 명	Hymenoptera(벌목)	과 명	Aphelinidae(면충좀벌과)	
국 명	온실가루이좀벌	별 칭		
성 충 형 태	몸길이 0.6㎜ 정도. 암컷의 머리와 가슴은 검정색이고 배는 노란색이지만, 수컷은 모두 검은색이다. 수컷의 비율은 정상적인 집단에서 1~2% 미만이다.			

D N A 바 코 드 염기서열 정 보	대표 개체 코드	9704	염기 서열 큐알코드	
	분석 개체수	1개체		
	서열차이	0%		

생 태 정 보	식성	기생성: 가루이류
	생활사	암컷은 온실가루이의 모든 약충에 산란할 수 있지만 특히 3령과 4령 초기를 선호한다. 거의 동그란 모양의 구멍을 뚫고 우화하며 온실가루이좀벌의 성충은 감로나 기주인 온실가루이 체액을 먹고 산다. 암컷은 대체로 처녀생식을 하며, 최적조건에서는 약 300개의 알을 낳을 수 있다. 온실가루이좀벌이 기생한 가루이 몸은 검정색을 띠어 쉽게 기생여부를 판단할 수 있다. 활동 적온은 18~27℃의 범위이며 수명은 15~20여 일 정도 산다.

분 포	국내		국외	유럽, 북미지역
고 유 성	도입곤충자원(외래종)			
자원활용도	천적곤충			

종충확보	분양		구매	○	채집		수입	

활용현황	• 시설작물 천적용: 세계적으로 1920년부터 사용하였으나, 국내에서는 90년대 초반에 처음 적용하였고, 2003년에 본격적으로 도입되었다. 온실가루이의 성충 밀도는 낮지만, 번데기의 밀도가 높을 때 사용 효과가 좋다. 수박, 참외, 토마토, 오이, 고추, 파프리카 등 모든 시설원예작물의 가루이류 방제에 이용 가능하다.

굴파리좀벌

학 명	*Diglyphus isaea* (Walker)		
목 명	Hymenoptera(벌목)	과 명	Eulophidae(좀벌과)
국 명	굴파리좀벌	별 칭	

성 충 형 태	몸길이 2~3㎜ 정도. 진한 금녹색 광택을 가진 종으로 더듬이는 굵으면서 짧다. 다리에는 흰색의 무늬가 넓적다리와 종아리마디에 있다.

D N A 바 코 드 염기서열 정 보	대표 개체 코드	15277	염기 서열 큐알코드	
	분석 개체수	3개체		
	서열차이	0~0.17%		

생 태 정 보	식성	기생성: 오이잎굴파리, 아메리카잎굴파리, 흑다리잎굴파리등 굴파리류
	생활사	알은 잎굴파리 2~3령의 유충에 산란되고, 부화되면 기주에 붙어서 체액을 섭취하는 외부 기생성 천적이다. 암컷은 잎의 큐티클을 뚫고 그 안의 숙주를 마비시키고, 몸밖에 1개 이상의 알을 낳는다. 부화된 유충은 마비된 숙주를 먹으면서 성장하고, 3령 유충이 되면 숙주는 완전히 변색된다. 굴 속에서 번데기과정을 거쳐 성충으로 탈출한다. 25℃ 조건에서 오이잎굴파리를 숙주로 하면, 알~성충까지 약 10일 걸리고, 성충 수명 역시 10일 정도이며 암컷은 210여 개의 알을 낳는다. 성충은 기주 체액을 섭취하므로 기생하지 않고 죽이는 경우도 많다.

분 포	국내	전국	국외	아시아, 유럽, 북미지역

고 유 성	토종곤충자원(유라시아와 북미 분포종)

자원활용도	천적곤충

종충확보	분양		구매	○	채집		수입	

활용현황	• 시설작물 천적용: 2003년부터 이용하기 시작하였으며, 참외, 토마토, 메론, 오이, 가지 등 시설원예작물에 적용된다.

예쁜가는배고치벌

학 명	*Meteorus pulchricornis* (Wesmael)			
목 명	Hymenoptera(벌목)		과 명	Braconidae(고치벌과)
국 명	예쁜가는배고치벌		별 칭	

성 충 형 태	몸길이 3.8~5.0㎜. 더듬이는 29~33마디이고, 겹눈은 크고 돌출하였다. 다리는 가늘고 길며, 몸은 대체로 황색이고 배의 끝부분은 종종 어두운 색을 띤다.					
D N A 바 코 드 염기서열 정 보	대표 개체 코드	9523			염기 서열 큐알코드	
	분석 개체수	3개체				
	서열차이	0%				

생 태 정 보	식성	기생성: 자나방과, 솔나방과, 부전나비과, 독나방과, 밤나방과, 혹나방과, 네발나비과, 잎말이나방과의 어린 유충
	생활사	어린 나방 유충의 내부에 단독으로 기생하는 종이다. 유충에서 번데기가 될 때, 숙주를 죽이고 나와 고치를 트는데, 실로 매다는 습성이 있다. 25℃ 조건에서 알~성충까지 약 18.2일 소요된다. 기주곤충으로 담배거세미나방 유충을 제공했을 때 하루에 약 5개, 죽 을 때까지 약 132개의 고치를 형성한다.

분 포	국내	전국	국외	일본, 중국, 북아프리카, 서부유럽, 뉴질랜드(이입), 미국(도입)

고 유 성	토종곤충자원(구북구 분포종)							
자원활용도	천적곤충							
종충확보	분양	○	구매		채집		수입	
활용현황	• 개발중 천적: 고추, 파프리카 등을 가해하는 해충인 담배거세미나방, 파밤나방, 왕담배나방, 담배 나방의 유충에 내부 단독기생하는 특성이 있어 활용 가능할 것으로 예상된다. 하지만, 아직 상업 화되어 판매되지 않고 연구 중인 종으로 포장시험을 통해 담배나방, 담배거세미나방 등에 대한 밀 도억제효과를 검증 후 이용할 필요가 있다.							

번데기

굴파리고치벌

학 명	*Dacnusa sibirica* Telenga		
목 명	Hymenoptera(벌목)	과 명	Braconidae(고치벌과)
국 명	굴파리고치벌	별 칭	잎굴파리고치벌
성 충 형 태	몸길이 2~3㎜. 몸은 암갈색에서 흑색이고, 자신의 몸길이보다 긴 더듬이를 갖고 있어, 짧은 더듬이를 가진 굴파리좀벌과는 쉽게 구별된다.		

DNA 바코드 염기서열 정보	대표 개체 코드	15275	염기 서열 큐알코드	
	분석 개체수	3개체		
	서열차이	0%		

생 태 정 보	식성	기생성: 오이잎굴파리, 흑다리잎굴파리, 아메리카잎굴파리 등
	생활사	1~2령 된 굴파리 유충의 몸 내부에 알을 낳는 내부기생충으로 기주를 바로 죽이지 않는다. 기주의 몸에서 부화된 고치벌의 유충은 기주가 번데기로 될 때까지 치명적이지 않은 조직을 먹으면서 천천히 성장한다. 잎굴파리가 번데기가 되어 토양 속으로 들어가면, 잎굴파리 번데기를 뚫고 고치벌이 우화해서 나온다. 알에서 성충까지의 발육기간은 22℃ 조건에서 17~19일 정도다. 25℃보다 15℃에서 성충의 수명이 더 길고, 산란수도 더 많다. 잎에 굴파리의 피해를 즉각적으로 막지는 못하지만, 굴파리의 다음 세대 발생을 저지하는 효과가 있다.

분 포	국내		국외	유럽, 북미

고 유 성	도입곤충자원(외래종)						
자원활용도	천적곤충						
종충확보	분양		구매	○	채집		수입
활용현황	• 시설작물 천적용: 2003년부터 도입되었으며, 단일조건과 낮은 온도에서도 잘 견디는 곤충으로 북유럽에서 겨울철 작물에 이용된다.						

21 사막이리응애

학 명	*Neoseiulus californicus* (McGregor)		
목 명	Mesostigmata(중기문진드기목)	과 명	Phytoseiidae(이리응애과)
국 명	사막이리응애	별 칭	캘리포니쿠스응애

성 충 형 태	몸길이 0.4㎜ 내외. 아주 작고 포식성이 큰 이리응애의 일종으로 전체적으로 옅은 갈색을 띠는데, 성충 때는 오렌지색이 진해진다. 매우 활동적으로 움직인다.			

DNA 바코드 염기서열 정보	대표 개체 코드	9718	염기 서열 큐알코드	
	분석 개체수	3개체		
	서열차이	0%		

생 태 정 보	식성	포식성: 점박이응애, 차응애, 귤응애 등 잎응애
	생활사	사막이리응애는 25℃ 조건에서 알부터 성충까지 5.9일로 짧다. 암컷은 약 21일 동안 60여 개의 알을 낳는다. 포식량은 잎응애를 기준으로 볼 때, 약충기에는 5.6마리에 불과하지만, 성충기에는 156.2마리를 잡아먹는다. 하지만, 선호하는 먹이인 응애가 없을 경우 꽃가루와 다른 해충을 먹기도 하므로 주요 먹이가 없을 때 생존력이 높은 편이다. 또한 온·습도에 대한 적응범위가 넓어 고온과 건조에 적응하는 능력이 좋은 편이다.

분 포	국내	국내(제주도, 2006)	국외	아시아, 유럽, 북미 등

고 유 성	토종곤충자원(구북구와 북미 분포종)						
자원활용도	천적곤충						
종충확보	분양		구매	○	채집		수입
활용현황	• 시설작물 천적용: 2009년부터 천적수입이 허용되었으며, 장미, 딸기, 고추, 파프리카 등 모든 시설원예작물에 주로 이용되는데, 노지작물에도 활용가능하다. 또한 칠레이리응애를 사용하기 어려운 고온과 건조한 곳에서 적용성이 좋다.						

지중해이리응애

학 명	*Amblyseius swirskii* Athias-Henriot		
목 명	Mesostigmata(중기문진드기목)	과 명	Phytoseiidae(이리응애과)
국 명	지중해이리응애	별 칭	

성충형태	몸길이 0.4㎜ 정도. 연한 갈색을 띠지만 섭식한 먹이 종류에 따라서 약간씩 달라진다. 등에는 몇 개의 가는 털이 났으며, 순수 곤충이 아니라 응애류이므로 다리는 4쌍을 갖는다. 0.1㎜ 정도의 유백색의 알은 타원형으로 주로 잎 뒷면에 가는 털끝에 붙여 낳는다. 유충은 유백색으로 다리가 3쌍이며 성장할수록 옅은 갈색에 가까워진다. 약충은 다리가 4쌍이며 연한 갈색을 띤다.

DNA 바코드 염기서열 정보	대표 개체 코드	9721	염기서열 큐알코드	
	분석 개체수	4개체		
	서열차이	0~0.16%		

생태정보	식성	광식성천적: 가루이류, 총채벌레류를 선호. 화분, 응애 등도 일부 섭식
	생활사	고온 조건에서 더 적합하며, 40℃ 조차에서도 활발하다.

분포	국내		국외	지중해(그리스, 터어키, 이스라엘, 이집트 등)

고유성	도입곤충자원(외래종)

자원활용도	천적곤충

종충확보	분양		구매	○	채집		수입	

활용현황	• 시설작물 천적용: 생김은 오이이리응애와 흡사하나, 기주 포식력과 작물에 정착하는 능력이 좋아 오이이리응애를 대체하여 사용하고 있다. 2005년 이후 세계 각지에서 활발히 사용되었으며, 국내에는 2006년에 도입하였으며, 장미, 토마토, 고추, 파프리카 등 모든 시설원예작물에 이용 가능하다.

23 칠레이리응애

학 명	*Phytoseiulus persimilis* Athias-Henriot		
목 명	Mesostigmata(중기문진드기목)	과 명	Phytoseiidae(이리응애과)
국 명	칠레이리응애	별 칭	신이리응애

성 충 형 태	몸길이 0.3㎜(수컷), 0.5㎜ 정도(암컷). 점박이응애보다 다리가 길고 몸체도 크며 진한 적색을 띤다. 등의 배판은 측면에 약한 그물무늬를 갖고 있고, 길이가 서로 다른 강모는 14쌍이 나 있다.

D N A 바 코 드 염기서열 정 보	대표 개체 코드	15280	염기 서열 큐알코드
	분석 개체수	3개체	
	서열차이	0%	

생 태 정 보	식성	포식성: 잎응애류
	생활사	알–유충–전약충–후약충–성충의 단계를 거치며 성장한다. 25℃ 조건에서 알~성충까지 5.4일이 걸린다. 성충은 36.4일 생존하며 암컷은 79.5개의 알을 낳는다. 20℃조건에서 먹이가 되는 점박이응애는 세대기간이 9일인데 비해, 포식자인 칠레이리응애는 7일 정도로 짧으므로 빠른 증식 속도를 보인다. 온도가 높으면 매우 활동적으로 움직인다. 주 먹이가 없을 때는 대체먹이를 먹지 못하고, 동족포식이 일어나거나 굶어죽게 된다.

분 포	국내		국외	지중해지방, 칠레 등 전세계적으로 분포

고 유 성	도입곤충자원(외래종)

자원활용도	천적곤충

종충확보	분양		구매	○	채집		수입	

활용현황	• 시설작물의 천적용: 2003년부터 도입된 천적으로, 주로 잎응애류 방제에 이용하고 있다. 딸기, 수박, 오이, 토마토, 고추 등 채소작물과 장미, 카네이션, 철쭉 화훼류, 약초 등 응애류가 발생하는 많은 작물에 이용할 수 있다.

2-3

유용물질을 제공해 주는 곤충

오배자면충

학 명	*Schlechtendalia chinensis* (Bell)		
목 명	Hemiptera(노린재목)	과 명	Aphididae(진딧물과)
국 명	오배자면충	별 칭	

성충형태	몸길이 약 2㎜(유시충). 몸은 검은색이며 보통의 진딧물 모습이다. 배에는 숨구멍 밑쪽에 큰 밀랍판이 한 개씩 있고, 각각 20개씩의 밀랍샘 구멍을 갖고 있다. 이들은 주로 붉나무에서 벌레혹을 만들게 하는데, 그것을 오배자라고 한다.

DNA바코드염기서열정보	대표 개체 코드	JF700172(NCBI)	염기서열큐알코드	
	분석 개체수	0		
	서열차이	0%		

생태정보	식성	식식성: 붉나무 흡즙과 충영형성
	생활사	붉나무에 귀 모양으로 벌레혹(충영)을 형성하게 한다. 중국자료에 의하면, 5월 말~6월 초에 간모가 1세대 무시충을 생산하기 시작하고, 2세대 무시충은 7월에 나타나기 시작한다. 날개싹을 지닌 면충은 8월 말에 나타나지만 혹내부 집단의 1% 미만이며, 마지막 완전한 유시충은 10월에 나타난다. 혹의 크기 성장은 1차 느린 성장, 빠른 성장, 2차 느린 성장 및 성장위축기로 나뉜다. 즉, 7월 말경에 혹은 급격히 커지고, 10월에 최고가 되는 것처럼 내부의 면충집단 크기로 비례하여 1개체에서 10,000개체로 급증한다.

분 포	국내	전국	국외	일본, 중국

고유성	토종곤충자원(동북아 고유종)

자원활용도	물질이용곤충, 식약용곤충

종충확보	분양		구매	○	채집	○	수입	

활용현황	• 물질이용: 타닌 성분을 많이 함유하고 있어 탄닌제, 염모제 또는 잉크의 원료로 쓰인다. 지금도 천연염색의 원료로 많이 쓰인다. • 약용: 「동의보감」에서도 약재로 등록되어 있으며, 민약으로 이용되어 왔다.

오배자

오배자 속 면충

쥐똥밀깍지벌레

학 명	*Ericerus pela* (Chavannes)		
목 명	Hemiptera(노린재목)	과 명	Coccidae(밀깍지벌레과)
국 명	쥐똥밀깍지벌레	별 칭	
성충형태	성충으로서 암컷과 수컷은 생김이 전혀 다르다. 암컷은 황갈색에 광택이 나는 둥근 타원형의 깍지를 가졌는데 그 길이가 1.0mm 정도이다. 수컷은 몸길이가 2.2mm이고 2쌍의 날개와 1쌍의 더듬이 및 홑눈 3쌍과 다리를 갖고 있다.		

DNA바코드염기서열정보	대표 개체 코드	JF700160(NCBI)	염기서열큐알코드
	분석 개체수	0	
	서열차이	0%	

생태정보	식성	흡즙성: 쥐똥나무, 물푸레나무, 이팝나무, 광나무 등
	생활사	1년 1회 발생. 암컷 성충으로만 월동을 한다. 5월 하순쯤 성숙한 암컷은 7,000개 정도의 많은 알을 낳는다. 6~7월에 부화한 1령 약충은 숙주식물에 일차 정착하고, 2령이 되면 다시 가지를 이동하여 고착하는 습성이 있다. 그후 약충은 백색 밀랍을 분비하여 몸을 덮고 2번 탈피한 후에 성충이 된다. 유충의 총 발육기간은 50.32일로 길고, 나무에 백색 밀랍을 분비하는 수컷이 나무가지에 모여살기 때문으로 밀랍 길이가 20cm 이상 되기도 한다.

분포	국내	중남부지방	국외	일본, 중국, 동남아시아, 유럽

고유성	토종곤충자원(유라시아 고유종)

자원활용도	물질이용곤충, 약용곤충

종충확보	분양		구매	○	채집	○	수입	

활용현황	• 물질이용: 체표에 흰색을 띤 밀랍 상태의 물질을 대량 분비한다. 이를 이용하여 생물 왁스를 생산하므로 양초제조, 광택제 등에 활용한다. 특히, 중국에서 많이 생산된다. 2006년 이들 왁스를 이용한 무연양초기술이 특허등록된 기록도 있다. • 약용: 밀랍물질을 모아 뭉친 것을 충백랍(蟲白蠟)이라 하여 겨드랑이에 생기는 부스럼, 종기나 지혈작용 등에 사용한 기록이 있다. 2005년 미국의 회사가 이 깍지벌레로부터 폴리코사놀을 고순도로 대량생산하는 기술을 특허출원하였다. 이 물질은 혈중 지질 조절, 자양강장, 체력증강에 효과를 지닌 건강기능식품의 소재로 사용되고 있다.

형성된 백색밀랍(충백랍)

애기뿔소똥구리

학 명	*Copris tripartitus* Waterhouse		
목 명	Coleoptera(딱정벌레목)	과 명	Scarabaeidae(소똥구리과)
국 명	애기뿔소똥구리	별 칭	

성 충 형 태	몸길이 13~19mm. 몸은 뿔소똥구리처럼 두껍고 굵은 공모양이나 크기가 훨씬 작고, 몸에는 광택이 많이 난다. 수컷 머리의 뿔은 짧은 편이지만, 앞가슴등판 앞쪽의 돌기는 더 뚜렷하다. 소순판은 보이지 않고, 가운데다리의 밑마디 사이가 넓게 분리되었다. 앞다리 종아리마디 바깥쪽의 이빨모양 돌기는 4개이며, 뒷다리 종아리마디에는 며느리발톱이 1개이다, 미절판은 노출되었다.

DNA 바코드 염기서열 정보	대표 개체 코드	14715	염기 서열 큐알코드	
	분석 개체수	2개체		
	서열차이	0~2.8%		

생 태 정 보	식성	분식성: 소, 말 등의 똥
	생활사	1년 1회 발생. 암컷은 소세지 모양으로 소똥을 자르고 재단하여 땅속으로 끌고 들어간다. 그 안에서 똥을 둥근 경단 모양으로 만들고 경단 속에 알을 낳는데, 3~4개의 경단을 준비한다. 실내실험에서 성장에 적합한 온도는 25℃와 27.5℃였고, 알에서 성충까지 걸리는 시간은 27.5℃에서 49.3일이었다.

분 포	국내	전국(제주도 포함)	국외	일본, 중국, 대만

고 유 성	토종곤충자원(동북아 고유종)			
자원활용도	물질이용곤충, 환경정화용곤충			

종충확보	분양		구매		채집	○	수입	

활용현황	• 항생물질이용: 애기뿔소똥구리의 체내에서 분리한 코프리신은 곤충펩타이드의 하나로서 생체방어물질로 작용한다. 신규 항생제 후보물질로서 코프리신은 농작물, 인체 유해균 및 내성세균에도 방제효과가 있는 것으로 확인되었다. 최근에 기능성 화장품의 원료로 사용하여 제품화되었고, 차후 신의약 개발의 원천으로 이용을 추진 중에 있다. • 방목장 정화용: 이들의 본래 역할로서 소와 말 목장의 분뇨를 처리하는 역할을 한다. 환경정화용곤충으로 간접가치를 가지나, 국내에는 방목장이 적어서 산업적인 효용성은 낮다.

수컷

암컷

누에나방

학 명	*Bombyx mori* (Linnaeus)		
목 명	Lepidoptera(나비목)	과 명	Bombycidae(누에나방과)
국 명	누에나방	별 칭	가잠

성 충 형 태	날개편길이는 30~50㎜ 정도(수컷). 몸과 날개는 회백색이고, 때로는 암색의 내횡선과 외횡선을 갖추고 있는 것도 있다. 암컷의 날개는 다소 퇴화한 대신에 몸은 더 크다. 암수 모두 더듬이는 빗살모양이고 아랫입술수염은 미소하다. 앞날개의 외연은 시정의 뒤쪽으로 약간 휘어들었다. 앞날개의 제5맥은 횡맥의 중앙보다 약간 뒤쪽으로 나갔다.

DNA 바코드 염기서열 정보	대표 개체 코드	5155	염기 서열 큐알코드	
	분석 개체수	1개체		
	서열차이	0%		

생 태 정 보	식성	식식성: 뽕나무
	생활사	산란된 누에알은 노란색에서 점차 흑갈색으로 변한 상태로 겨울을 난다. 이듬해 봄이 되면 부화되고, 개미누에 상태에서 시작하여 네 번 허물을 벗고 5령까지 자란다. 특히, 1주일간의 5령기 동안 먹는 뽕잎 양은 유충기 전체의 80% 이상을 소모한다. 실을 토해 고치를 틀며, 완성된 고치의 실은 총길이가 1,000~1,500m에 달한다. 약 12일간이 지나면 나방이 되는데, 알칼리성 액체를 토하여 고치를 녹이고 나온다. 짝짓기는 암나방이 유인물질을 방출하여 수나방을 유혹해서 이루어진다. 교미 전후 번데기 때 몸 안에 축적된 노폐물을 방출하는데 누에 오줌이라 한다. 산란수는 약 500개 정도이다. 알은 원래 휴면란으로 이듬해 부화하나, 인공부화법을 이용해 곧바로 채청을 시작하면 알은 약 11일만에 부화한다.

분 포	국내	전국(사육종)	국외	전세계

고 유 성	토종곤충자원(국내: 340계통)

자원활용도	물질이용곤충, 식약용곤충

종충확보	분양	○	구매	○	채집		수입	

활용현황	누에를 이용한 양잠산업은 「기능성 양잠산업 육성 및 지원에 관한 법률」에 의하여 관리, 지원되고 있다. 곤충 가운데 가장 오랜 산업적 기특을 이어오고 있으며, 다용도의 상품이 개발되었다.

- 천연섬유용: 누에고치에서 뽑은 실은 명주를 짜는 소재로 수천년동안 이용되어 왔다.

- 다양한 소재용: 누에고치의 실크프로테인을 이용하여, 비누, 치약, 화장품으로부터 인공고막까지 만들 수 있게 되었다. 특히, 피부 친화성이 좋고 보습성이 우수하다.

- 식약용곤충: 누에고치 속 번데기는 전통적인 식품이다. 최근에는 5령 3일째 누에를 건조시켜 만든 누에분말이 식후의 고혈당을 막아주는 건강기능성 식품으로 사용된다. 숫누에는 강정제로서 상품화되었다.

유충

짝짓기

고치틀기

알낳기

번데기

멧누에나방

학 명	*Bombyx mandarina* (Moore)		
목 명	Lepidoptera(나비목)	과 명	Bombycidae(누에나방과)
국 명	멧누에나방	별 칭	

성충형태	날개편길이 34~50㎜. 암수는 비슷하게 생겼으며, 몸과 날개의 바탕색은 회갈색에 올리브빛이 난다. 앞날개의 날개 끝은 갈고리 모양으로 굽고 암갈색을 넓게 띤다. 바깥가로띠, 안쪽가로띠는 옅은 암갈색을 폭넓게 띤다. 뒷날개는 앞날개에 비해 색이 짙고, 안쪽 모서리에는 검은 색의 눈알무늬가 있다. 뒷날개의 뒷면에는 2개의 암색 줄무늬가 있다.

DNA 바코드 염기서열 정보	대표 개체 코드	8515	염기 서열 큐알코드	
	분석 개체수	2개체		
	서열차이	0%		

생태정보	식성	식식성: 뽕나무과의 뽕나무, 산뽕나무
	생활사	1년 2회 이상 발생, 성충은 5~11월에 나온다. 성충 나방은 밤에 불빛을 따라 날아온다. 누에나방의 야생형 원종으로 여겨지며, 실제로 누에나방과 잡종이 만들어진다. 높은 습도와, 27℃의 고온에서 실내사육이 가능하다.

분포	국내	전국	국외	일본, 대만, 중국, 러시아 극동지역

고유성	토종곤충자원(동북아 고유종)

자원활용도	물질이용

종충확보	분양	○	구매		채집	○	수입	

활용현황	• 유전자원 교배용: 그동안 멧누에나방 자체의 물질을 이용하기보다는 멧누에가 가진 특성을 누에나방의 특정 품종에게 주기 위한 교배종으로 주로 활용되었다. 하지만, 최근에는 멧누에의 기능성 물질 연구도 추진되고 있다.

한 쌍의 유충들

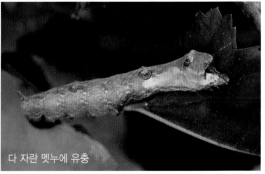
다 자란 멧누에 유충

06 참나무산누에나방

학 명	*Antheraea yamamai* (Guérin-Méneville)		
목 명	Lepidoptera(나비목)	과 명	Saturniidae(산누에나방과)
국 명	참나무산누에나방	별 칭	
성 충 형 태	날개편길이 112~114㎜(수컷), 113m 안팎(암컷). 대형종으로 전체적으로 황색을 띠지만, 개체변이가 심해 적갈색이나 녹갈색을 띠는 것도 있다. 앞, 뒷날개의 바깥가로띠는 적갈색과 흰색이 이중으로 되어 있고 곧은 편이다. 앞날개 중실 끝의 원형무늬에는 흑갈색의 테가 있고 중심이 백색으로 투명하다. 수컷의 더듬이는 깃털모양이고, 암컷의 더듬이는 빗살모양이다.		

D N A 바 코 드 염기서열 정 보	대표 개체 코드	15346	염기 서열 큐알코드	
	분석 개체수	3개체		
	서열차이	0~0.3%		

생 태 정 보	식성	식식성: 참나무과의 상수리나무, 갈참나무, 떡갈나무, 밤나무 등. 장미과의 벚나무류, 사과 등의 기록도 있음
	생활사	1년 1회 발생. 성충은 7월 중순~9월 중순에 출현한다. 월동은 알로 한다. 주로 중국에서 애벌레를 참나무에서 사육하여 고치를 따내기도 하는데, 누에에 비하여 충체가 3배 가량되며, 경과일수는 약 50~60일 정도이다.

분 포	국내	전국	국외	일본, 중국, 러시아 극동지역

고 유 성	토종곤충자원(동북아 고유종)							
자원활용도	물질이용곤충, 천적곤충							
종충확보	분양		구매		채집	○	수입	

활용현황	• 물질이용: 유충을 천잠이라 하고, 이들의 인공사료도 개발되어 있다. 이의 고치에서 생산한 실을 천잠사라 하여 가장 높은 가격으로 팔린다. 주로 중국에서 생산된다. • 대체기주용: 천적곤충의 생산을 위한 대체 기주로도 이용된다. 유충은 솔나방에 기생하는 송충알좀벌류의 산란기주로 이용하고, 알은 알기생봉의 휴면과 대량 생산 기술에 이용된다.

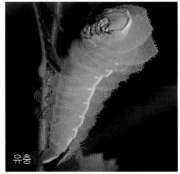
유충

고치

07 가중나무고치나방

학 명	*Samia cynthia* (Drury)		
목 명	Lepidoptera(나비목)	과 명	Saturniidae(산누에나방과)
국 명	가중나무고치나방	별 칭	

성 충 형 태	날개편길이 110~140mm. 몸과 날개는 기본적으로 갈색이고, 흰색의 띠와 같은 무늬가 세로와 가로로 길게 나 있어 날개가 매우 곱고 화려하다. 앞과 뒷날개의 중실 끝의 무늬는 초승달 모양이고 반투명하며, 전연이 암색으로 테가 둘러져 있다. 앞날개의 끝부분은 담황색을 띠면서 1개의 흑색무늬가 있다. 앞날개는 끝이 돌출해 있는데 수컷의 경우 더 뚜렷하다. 수컷의 더듬이는 깃털모양이고, 암컷의 더듬이는 빗살모양이다.

DNA 바코드 염기서열 정보	대표 개체 코드	15343	염기 서열 큐알코드	
	분석 개체수	3개체		
	서열차이	0%		

생 태 정 보	식성	식식성: 가죽나무, 상수리나무, 녹나무 등 여러 활엽수(유충)
	생활사	1년 1회 발생. 성충은 4월 초에서 9월 말까지 출현한다. 암컷은 잎 위에 10~20열로 초승달모양으로 알을 낳으며, 7~10일 후에 부화한다. 유충은 늦여름에서 초가을까지 5령으로 최대 70~75mm로 자란다. 숙주식물의 잎에 회갈색의 고치를 만들어 달고 그 속에서 번데기가 되어 월동한다. 겨울에도 고치는 쉽게 관찰할 수 있다.

분 포	국내	전국	국외	일본, 중국, 대만, 말레이지아, 인도, 호주

고 유 성	토종곤충자원(아시아와 호주 분포종)			
자원활용도	물질이용곤충			

종충확보	분양		구매		채집	○	수입	

활용현황	• 실크이용: 이 종의 아종(*Samia cynthia ricini*)은 피마자잎을 먹는 에리잠(Eri silkmoth)이라 하며 누에나방처럼 이들의 고치를 이용하여 실을 생산한다. 주로 인도지역에서 생산한다.

유충

유충

사향제비나비

학 명	*Byasa alcinous* (Klug)		
목 명	Lepidoptera(나비목)	과 명	Papilionidae(호랑나비과)
국 명	사향제비나비	별 칭	

성충형태	날개편길이 75~110㎜ 정도. 날개의 표면이 수컷은 검고 약간의 광택이 있으나, 암컷은 황갈색으로 광택이 없다. 가슴과 배의 양 옆에 붉은 털이 나 있어 쉽게 구별된다. 수컷은 채집 직후 몸에서 사향 냄새가 나므로 사향제비나비라는 이름이 붙여졌다.

DNA 바코드 염기서열 정보	대표 개체 코드	L2398	염기 서열 큐알코드	
	분석 개체수	5개체		
	서열차이	0%		

생태정보	식성	식식성(유충): 등칡, 쥐방울덩굴
	생활사	1년 2회 발생, 성충은 봄형이 5~6월, 여름형이 7~9월에 걸쳐 나타난다. 산과 인접한 편평한 장소, 개울가의 초지에 주로 서식한다. 암수 모두 흡밀활동을 활발히 하며 드물게 물가에서 물을 먹기도 한다. 암컷은 잎 뒷면에 1~6개 정도의 알을 낳는다. 유충은 처음에는 무리를 지어 다니다가 점차 각기 다른 잎과 줄기를 찾아 흩어진다. 잎 위에 있는 유충은 쉽게 눈에 띄이지만 먹이식물에서 아리스토로크산(Aristolochic acid)이란 독성물질을 몸속에 축적하여 자신의 몸을 보호하는데 이용한다. 번데기는 기주식물에서 떨어져 주변의 암벽이나 구조물에 붙으며, 그 상태로 월동한다.

분 포	국내	전국	국외	일본, 중국, 대만

고 유 성	토종곤충자원(동북아 고유종)

자원활용도	정서애완학습곤충

종충확보	분양	○	구매		채집	○	수입	

활용현황	• 정서애완용: 이 종의 기초생태, 인공사료와 장기저장을 위한 휴면연구가 진행되었고 부분적으로 나비하우스 등에 적용된다. 사향과 같은 향기를 내는 곤충으로, 실제 사육과정에서 심리적 진정 효과가 느껴진다는 사례가 있어왔다. 따라서 단순한 애완학습곤충보다는 곤충을 통한 치유프로그램 등을 통한 검증이 필요하다.

유충

번데기

무당거미

학 명	*Nephila clavata* L. Koch		
목 명	Araneae(거미목)	과 명	Nephilidae(무당거미과)
국 명	무당거미	별 칭	
성 충 형 태	몸길이 20~30㎜(암컷), 6~10㎜(수컷). 암컷은 머리가슴이 길지만 머리 부분은 다소 높고 갈색 바탕에 은백색의 짧은 털들로 전면을 덮고 있다. 눈은 8개로 2열로 배열한다. 흉판은 흑갈색으로 앞쪽과 뒤쪽 중앙에 황색무늬가 있다. 다리는 흑갈색에 황색의 고리무늬가 있다. 복부는 긴 원통형으로 황색 바탕에 청녹색의 가로무늬가 있고, 옆면 뒤부분에는 적색의 빗살무늬가 있다. 수컷은 같은 종으로 보이지 않을 만큼 암컷보다 작고 형태도 차이가 있다.		

DNA 바코드 염기서열 정보	대표 개체 코드	15370	염기 서열 큐알코드	
	분석 개체수	2개체		
	서열차이	0~0.2%		

생 태 정 보	식성	포식성: 꿀벌, 잠자리, 나비 등 다양한 비행성 곤충
	생활사	1년 1회 발생. 흔하게 관찰되는 종으로 노란색의 매우 끈적거리는 말굽형의 입체그물을 친다. 5월 중하순경 알에서 부화하여 암컷은 8~10회, 수컷은 7회 내외로 탈피하여 성숙한다. 10~11월경에 큰 나무나 건물 벽 등에 흰색 타원형의 알주머니를 만들면서 400~800개 정도의 알을 산란한다. 산란한 암컷은 알을 덮어 보호하다가 결국 죽게되고 알집으로 월동한다.

분 포	국내	전국	국외	일본, 중국, 대만, 인도 등

고 유 성	토종거미자원(아시아 고유종)

자원활용도	물질이용

종충확보	분양		구매	○	채집	○	수입	

활용현황	• 소화효소 이용: 무당거미가 먹이를 먹고 난 뒤 소화를 위해 만드는 효소가 강력한데, 이 효소는 장내공생 미생물에 의하여 생산되는 것으로 온도에 관계없이 다양한 종류의 음식물을 소화해낸다. 이 효소를 '아라자임(Arazyme)'이라 이름붙이고 생산하여 각질제거 등 피부미용에 효과적이라서 화장품 등의 원료로 이용한다. • 거미줄 이용: 최근 무당거미 근연종의 거미줄을 대량생산하려는 연구가 활발하다. 국내 카이스트에서도 근연종(*Nephila clavipes*)의 유전자조작을 통해 대장균에서 직접 거미실크 단백질 합성에 성공한 바 있다. 또는 외국에서는 유전자조작 누에에서 거미줄을 생산하거나 박테리아에서 거미실크 생산에 성공하기도 하였다. 방탄복, 낙하산뿐 아니라 화장품 등 응용연구가 활발하다.

암컷(등면)

알을 가진 암컷(옆면)

알주머니 지키기

10 산왕거미

학 명	*Araneus ventricosus* (L. Koch)		
목 명	Araneae(거미목)	과 명	Araneidae(왕거미과)
국 명	산왕거미	별 칭	
성충형태	몸길이 20~30mm(암컷), 15~20mm(수컷). 머리가슴은 적갈색 또는 흑갈색으로 가운데 홈이 가로놓이고 목홈과 방사홈이 뚜렷하다. 다리는 매우 굵고 암갈색으로 검은 고리무늬가 있으며, 가시털이 많이 나 있다. 배는 갈색으로 역삼각형의 형태이고 양 어깨에 돌기가 나 있으며, 중앙 전체에 걸쳐서 잎사귀형 무늬가 있다.		

DNA 바코드 염기서열 정보	대표 개체 코드	KM588668(NCBI)	염기서열 큐알코드	
	분석 개체수	0		
	서열차이	0%		

생태정보	식성	포식성: 주로 비행하는 곤충들
	생활사	1년 1회 발생. 대형의 원형 그물망을 치는데 작은 새들도 드물게 걸릴 수 있을 정도이다. 농가와 단독 주택 근처, 그리고 인가와 주변 인근 산 등의 공간에 거미줄을 친다. 낮에는 주로 은신처에서 숨어 있다가 먹이가 걸린 신호가 와야 밖으로 나와 먹잇감을 포획한다. 해가 지거나 또는 뜰 무렵에 거미줄을 보완하거나 다시 수거하여 거미그물을 다시 친다. 6~10월까지 주로 볼 수 있고, 알, 유체, 성체 등으로 모두 월동한다.

분 포	국내	전국	국외	일본, 중국, 대만, 러시아

고 유 성	토종거미자원(동북아 고유종)						
자원활용도	물질이용, 식약용						
종충확보	분양		구매	○	채집	○	수입	

활용현황	• 생리활성물질 이용: 산왕거미에서 유래된 세린 프로테아제 저해제는 혈액 응고, 섬유소 용해 및 염증과 같은 다양한 생리적 과정에 관여하는 것으로 최근 연구되었다. 또한, 산왕거미 유래 독소 펩타이드를 생물농약에 응용할 수 있다는 결과도 나와 있다. 따라서 생리활성물질의 이용이 기대된다.

2-3. 유용물질을 제공해 주는 곤충   75

2-4

먹거리와 약 그리고
사료로 쓰이는 곤충

이질바퀴

학 명	*Periplaneta americana* (Linnaeus)		
목 명	Dictyoptera(바퀴목)	과 명	Blattidae(왕바퀴과)
국 명	이질바퀴	별 칭	미국바퀴
성충형태	몸길이 28~43㎜ 정도. 몸집이 큰 바퀴의 하나로 전체적으로 광택이 나는 적갈색이고 앞가슴등판에는 노란색 고리무늬가 적갈색 부분을 둘러싸고 있다. 암수 모두 가죽질로 된 날개를 가지고 있다. 암컷의 알 주머니는 흑색이면서 몸집에 비해 비교적 소형(8㎜)이다.		

DNA바코드염기서열정보	대표 개체 코드	15265	염기서열큐알코드	
	분석 개체수	3개체		
	서열차이	0%		

생태정보	식성	잡식성
	생활사	알–유충(약충)–성충으로 성장한다. 암컷은 평균 9~10개의 알주머니(난각)를 생산하는데, 2일쯤 지나서 알주머니를 안전한 장소의 표면에 놓거나 입으로 접착액을 내어 붙이기도 한다. 알주머니에는 알이 16개쯤이 배열되어 있는데, 6~8주 걸려 유충(약충)으로 깨어나고 약 6~14번 허물벗기를 하면서 6~12개월 걸려 성충이 된다. 습하고, 29℃ 정도의 따스한 곳을 좋아하며 추위를 견디지 못한다.

분 포	국내	거의 전국분포	국외	세계 각지(북부 한대지방을 제외)
고유성	토종곤충자원(범세계 분포종)			
자원활용도	식약용곤충			

종충확보	분양		구매	○	채집	○	수입	

활용현황	• 사료용: 국내에서는 개발단계에 있으며, 현재 사육집단은 주로 실험용으로 판매된다. • 식약용: 최근 MRSA와 같은 일반 항생제로 잡지 못하는 세균에 대해서 바퀴의 체내에 있는 공생균을 이용해 항생효과를 낼 수 있다는 연구가 진행된 바 있다. 또한, 중국의 경우 에이즈치료용 연구뿐 아니라 민간에서 이를 치료약처럼 이용하기도 한다. 이를 위하여 중국에서 이 종을 대량 사육해서 제약회사에 주로 납품을 하고 식용으로도 이용하고 있다.

02 바퀴

학 명	*Blattela germanica* (Linnaeus)		
목 명	Dictyoptera(바퀴목)	과 명	Blattellidae(바퀴과)
국 명	바퀴	별 칭	독일바퀴
성충형태	몸길이 10~16㎜ 정도. 집에 사는 바퀴 중에 가장 작다. 몸은 전체적으로 연한 갈색인데, 앞가슴 등판에 1쌍의 짙은 세로 줄무늬가 있어서 쉽게 구별된다.		

DNA 바코드 염기서열 정보	대표 개체 코드	15262	염기 서열 큐알코드	
	분석 개체수	2개체		
	서열차이	0~2.4%		

생태 정보	식성	잡식성
	생활사	알-유충(약충)-성충으로 성장한다. 암컷은 30~40개의 알이 들어있는 알집을 부화 직전까지 달고 다닌다. 알은 2~4주 사이에 부화되고, 깨어난 유충(약충)은 평균 5회 정도 탈피하며, 실온에서 성충까지는 60일 정도 걸린다. 어둡고 습하며 온도가 잘 유지되는 곳을 좋아한다.

분 포	국내	전국	국외	전 세계

고 유 성	토종곤충자원(범세계 분포종)

자원활용도	식약용곤충

종충확보	분양		구매	○	채집	○	수입	

활용현황	• 사료용: 국내에서는 개발단계 있으며, 현재 사육집단은 주로 실험용으로 팔린다.
	• 식약용: 근연 바퀴(*Blatta orientalis*)에게서 안티하이드로핀(Antihydropin)이란 이뇨제로 작용하는 성분을 갖고 있음이 오래 전부터 알려졌고, 유럽과 러시아에서는 늑막염, 심막염 약이나 이뇨제로 사용한 기록이 있다. 그 외에도 다양한 방식으로 민약으로 사용되어 온 기록이 있다. MRSA와 같은 일반 항생제로 잡지 못하는 세균에 대해서 바퀴의 체내에 있는 공생균을 이용해 항생효과를 낼 수 있다는 연구가 진행된 바 있으므로, 세계적인 전통지식을 활용한 과학적 연구를 통하여 좀 더 산업적으로 이용할 수 있는 길이 모색되어야 한다.

흰개미

학 명	*Reticulitermes speratus kyushuensis* Morimoto			
목 명	Dictyoptera(바퀴목)	과 명	Rhinotermitidae(흰개미과)	
국 명	흰개미	별 칭		
성 충 형 태	개미처럼 보이나 몸은 유백색이며 더듬이는 구슬을 이어붙인 듯한 구조이고, 가슴과 배의 연결부에 짤록한 부분(제1배마디)이 없다. 일 흰개미와 병정 흰개미는 비슷한 생김새를 갖지만, 병정 흰개미에서 강한 큰턱이 앞으로 돌출되어 있으며 몸길이는 3.5~6㎜ 정도이다. 여왕 흰개미는 배가 길게 늘어났고 황백색을 띠며 몸길이가 11~15㎜ 정도이다. 날개있는 개체는 머리가 흑갈색이고 몸의 대부분은 황색이며 날개는 암갈색 띠가 있다. 몸길이는 4.5~7.5㎜ 정도이다.			

D N A 바 코 드 염기서열 정 보	대표 개체 코드	15319	염기 서열 큐알코드	
	분석 개체수	2개체		
	서열차이	0~1.0%		

생 태 정 보	식성	식식성: 죽은 나무, 목재 등
	생활사	알–유충(약충)–성충으로 성장한다. 숲에서는 소나무, 활엽수 등 나무 그루터기를 좋아한다. 개미처럼 날개달린 개체들이 떼로 날면서 짝짓기하고, 날개를 떼낸 암컷과 수컷은 습기가 있는 고목이나 쓰러진 나무, 목재에 작은 구멍을 파서 서식처를 만들기 시작한다. 여러 계급으로 이루어진 사회성 곤충이다.

분 포	국내	전국 산지	국외	일본
고 유 성	토종곤충자원(동북아 고유종)			
자원활용도	사료용곤충			

종충확보	분양		구매	○	채집	○	수입	

활용현황	• 사료용: 국내에서는 이용하기 어려운 소재이나, 흰개미가 탑과 같은 집을 짓는 지역에서는 흰개미를 대량으로 얻을 수 있어 이들을 양식어의 먹이원 또는 식용으로 이용하려는 노력이 있어 왔다. • 공생생물 이용: 흰개미는 공생 원생생물인 트리코님파(trichonympha)를 통해 나무의 목질부를 분해시킨다. 특히 이 원생생물의 세포 안에는 박테리아가 살면서 하나의 공생시스템이 이루어져 있음이 최근 밝혀지고 있다. 이를 통해 버려진 목재에서 바이오연료를 얻는 기술과 흰개미를 접목하려는 연구가 시도되고 있는 등 흰개미의 공생시스템 활용 연구가 진행중이다.

날개 달린 흰개미

병정흰개미와 일흰개미

사마귀

학 명	*Tenodera angustipennis* Saussure		
목 명	Dictyoptera(바퀴목)	과 명	Mantidae(사마귀과)
국 명	사마귀	별 칭	상표소
성충형태	몸길이 65~80㎜(수컷) 68~85㎜(암컷). 녹색형과 갈색형이 있다. 왕사마귀에 비해 약간 가늘고 날씬한 편이다. 앞가슴복판 사이에는 진한 주황색 점이 찍혀 있고, 뒷날개에는 옅은 갈색의 무늬가 흩어져 있다.		

DNA 바코드 염기서열 정보	대표 개체 코드	15112	염기서열 큐알코드	
	분석 개체수	2개체		
	서열차이	0~0.33%		

생태정보	식성	포식성: 메뚜기류, 나비류, 매미류, 벌류 등 다양한 곤충류
	생활사	1년 1회 발생. 알-유충(약충)-성충으로 성장한다. 5월 중순에 알집에서 유충이 깨어 나오고 성충은 8~11월 중에 나타난다. 넓게 펼쳐진 평지 풀밭 주변이 주 서식처이다. 다소 긴 편의 알집을 만들며, 그 알집상태로 겨울을 난다.

분 포	국내	전국	국외	일본, 중국, 동남아시아, 북미

고 유 성	토종곤충자원(아시아와 북미 분포종)			
자원활용도	약용곤충, 정서애완학습곤충			

종충확보	분양		구매	○	채집	○	수입	

활용현황	• 약용: 사마귀류의 알집을 한방에서는 상표소라 하여 다양한 효능의 민약으로 이용해 왔고, 최근 골다공증, 성기능개선 등이 실험동물 수준에서 연구된 바 있다. • 전시사육곤충: 사마귀들은 사육이 가능하며 특이한 모습과 포식습성으로 인하여 외국에서는 애완용으로 많이 사육되고 있다. 국내에서도 전시관이나 이벤트 행사 등에서 전시세트들이 만들어진다. 또한, 마니아층을 중심으로 사육과 간헐적 구매 등이 이루어지고 있다.

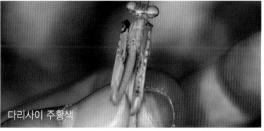

다리사이 주황색

왕사마귀

학 명	*Tenodera aridifolia* (Stoll)		
목 명	Dictyoptera(바퀴목)	과 명	Mantidae(사마귀과)
국 명	왕사마귀	별 칭	

성충형태	몸길이 70~95㎜. 몸은 녹색형 뿐 아니라 짙은 갈색형도 있다. 머리는 삼각형으로 전후좌우로 자유로이 움직일 수 있으며, 앞가슴은 좁고 길게 변형되어 있고, 앞다리가 갈고리 모양의 포획용 기관으로 변형되어 있다. 앞가슴복판의 앞다리가 나오는 부분이 연한 노란색이다. 뒷날개에는 밑부분을 중심으로 자주색 갈색무늬가 있어 사마귀와 구별된다.

DNA 바코드 염기서열 정보	대표 개체 코드	15059	염기 서열 큐알코드	
	분석 개체수	3개체		
	서열차이	0~0.5%		

생태정보	식성	포식성: 메뚜기류, 나비류, 매미류, 벌류 등 다양한 곤충류
	생활사	1년 1회 발생. 알-유충(약충)-성충으로 성장한다. 5월 중순에 알집에서 유충이 깨어 나오고 6~7번의 허물벗기를 한 뒤 어른벌레는 7월부터 10월에 걸쳐 출현한다. 들판이나 숲의 가장자리에서 서식하며, 나뭇가지에 커다랗고 둥근 형태의 알집을 붙여놓는데, 이같은 알집상태로 겨울을 난다.

분 포	국내	전국	국외	일본, 중국, 대만, 동남아시아

고유성	토종곤충자원(아시아 고유종)

자원활용도	약용곤충, 정서애완학습곤충

종충확보	분양		구매	○	채집	○	수입	

활용현황	• 약용: 사마귀류의 알집을 한방에서는 상표소라 하여 다양한 효능의 민약으로 이용해 왔고, 최근 골다공증, 성기능개선 등이 실험동물 수준에서 연구된 바 있다. • 전시사육곤충: 사마귀는 사육이 가능하며, 특이한 모습과 포식습성으로 인하여 외국에서는 애완용으로 많이 사육되고 있다. 국내에서도 전시관이나 이벤트 행사 등에서 전시세트들이 만들어진다. 또한, 마니아층을 중심으로 사육과 간헐적 구매 등이 이루어지고 있다.

알집(상표소)

갈색형

꽃벌 잡아먹기

06 쌍별귀뚜라미

학 명	*Gryllus bimaculatus* De Geer		
목 명	Orthoptera(메뚜기목)	과 명	Gryllidae(귀뚜라미과)
국 명	쌍별귀뚜라미	별 칭	

성충형태	몸길이 25~28mm 정도. 전체적으로 검으면서 광택이 있고, 얼굴은 둥글며 앞날개가 나오는 기부의 양 측면에 노란 점이 하나씩 있어서 그것을 별처럼 생각해 쌍별귀뚜라미라고 한다. 암컷은 긴 산란관을 가져 쉽게 구별된다.

DNA 바코드 염기서열 정보	대표 개체 코드	7083	염기 서열 큐알코드	
	분석 개체수	5개체		
	서열차이	0%		

생태정보	식성	잡식성: 곡물, 야채, 동물성 사료, 농업부산물 등
	생활사	일정 온도가 유지되면 월동 없이 연중사육이 된다. 알-유충(약충)-성충으로 성장한다. 20℃ 이하의 온도에서는 알이 부화하지 못하고, 유충(약충)들은 온도가 높을수록 성장기간이 단축되나, 35℃가 임계 온도이다. 25℃ 정도에서 2개월간 평균 7번 탈피를 하고 성충이 된다. 암컷은 긴 산란관으로 일생동안 100~200개의 알을 산란 배지에 찔러 낳는다. 야행성이지만, 햇볕에 대한 큰 영향은 없는 편이다. 수컷의 울음소리는 비슷한 덩치의 왕귀뚜라미에 비해 상당히 시끄러운 편이다.

분 포	국내		국외	일본, 대만, 말레이시아, 인도, 아프리카

고 유 성	도입곤충자원(외래종)						
자원활용도	사료용곤충, 정서애완학습곤충, 식용곤충						
종충확보	분양		구매	○	채집		수입	

활용현황	국내에는 1990년대 말에 도입되었으며, 현재 농가의 시설 형태에서 가장 사육이 많은 귀뚜라미이다. 산업곤충 사육기준 및 규격(I)에 수록된 곤충이다. • 사료용: 밀웜처럼 애완동물의 먹이용으로 건조 또는 생체로 판매된다. • 생태전시용: 곤충 전시와 이벤트에서 제일 많이 쓰이지만, 도입종이므로 애완학습을 위하여 개별 판매되는 것은 야외방사 가능성 때문에 삼가는 것이 좋다. • 식용: 최근 한시적 식품원료 등록을 위하여 연구가 진행 중에 있다.

알

사육유충들

풀무치

학 명	*Locusta migratoria* (Linnaeus)		
목 명	Orthoptera(메뚜기목)	과 명	Acrididae(메뚜기과)
국 명	풀무치	별 칭	

성충형태	몸길이 48~65㎜ 정도. 대형의 메뚜기로 녹색형과 갈색형이 모두 있다. 큰턱 주변이 푸른색이며, 뒷날개를 펼쳐보면, 투명한 황색으로 검은 무늬가 없다. 이같은 특징으로 비슷한 생김새의 콩중이와 구별된다.

DNA 바코드 염기서열 정보	대표 개체 코드	8035	염기 서열 큐알코드	
	분석 개체수	12개체		
	서열차이	0~1.18%		

생태정보	식성	식식성: 벼과식물, 특히 참억새
	생활사	1년 1회 발생. 알–유충(약충)–성충으로 성장한다. 평지의 풀밭이나 산기슭의 초원, 강가와 바닷가에 많다. 섬이나 격리된 지역에서는 매우 큰 개체가 나오기도 하며 여러 가지 환경요인에 의해 집단으로 대발생하는 경우가 있다. 성충은 6~11월 중에 나타나는데, 늦여름에서 가을로 갈수록 성충이 많아진다.

분 포	국내	전국	국외	구북구

고 유 성	토종곤충자원(유라시아 고유종)

자원활용도	식용곤충

종충확보	분양		구매	○	채집	○	수입	

활용현황	• 식용: 식품공전에 올라있는 메뚜기로 현재 '*Oxya japonica* 벼메뚜기'라는 학명으로 기록되어 있지만, 과거에는 이들의 구분 없이 메뚜기로 취급하여 먹었다. 벨기에에서도 이 종을 식용곤충으로 목록에 올렸다. 현재 대량사육기술 연구가 진행 중에 있다.

군서형 유충(약충)

갈색형

녹색형

08 우리벼메뚜기

학 명	*Oxya chinensis sinuosa* Mistshenko		
목 명	Orthoptera(메뚜기목)	과 명	Acrididae(메뚜기과)
국 명	우리벼메뚜기	별 칭	벼메뚜기
성충형태	몸길이 23~40㎜. 몸은 녹색 또는 황록색을 띠지만, 녹색형과 갈색형이 있고 붉은색을 띠는 개체도 있다. 양쪽 겹눈 뒤로부터 앞가슴등판 끝까지 검은 띠줄이 나 있어 구별된다. 앞날개는 배끝보다 약간 긴 편이다. 약충은 앞가슴등판에 흰 세로줄무늬가 뚜렷해 구별된다.		

DNA 바코드 염기서열 정보	대표 개체 코드	8033	염기 서열 큐알코드	
	분석 개체수	3개체		
	서열차이	0~0.3%		

생태정보	식성	식식성: 벼과식물
	생활사	1년 1회 발생. 알-유충(약충)-성충으로 성장. 유충(약충)은 6월 중순~하순에 나타나 5~6회 허물벗기를 하고 8월 상·중순에 성충이 된다. 논뿐 아니라 물가풀밭에서 매우 흔하다. 암컷은 건조한 곳에서는 땅속에 알을 낳지만, 물이 넘치는 곳에서는 풀줄기에도 낳는다. 땅속에 낳을 때는 깊이 2㎝ 정도에 100개 안팎의 알을 낳으며, 그 알 상태로 월동한다.

분 포	국내	전국	국외	일본, 중국, 대만, 동남아시아

고 유 성	토종곤충자원(아시아 고유종)					
자원활용도	식약용곤충					
종충확보	분양		구매	○	채집	○	수입	

활용현황	• 식용: 식품공전에 올라있는 식용곤충으로, 현재 '*Oxya japonica*'란 학명으로 올라와 있지만, 이것은 국내에 없는 종이며, 우리벼메뚜기(*Oxya chinensis sinuosa*)가 올바른 이름이다(김태우, 2013). 이와 비슷한 종으로 애기메뚜기(*Oxya hyla intricata*)와 벼메뚜기붙이(*Mecostethus parapleurus*)도 있다. 전통적으로 식용하던 곤충으로 한 때는 대량 채집되어 일본으로 수출도 한적이 있다. 사육법이 「산업곤충 사육기준 및 규격(II)」에 수록되었으나, 산업적 제품으로 출시된 것은 아직 없다. 주로 농가 또는 지자체 행사 등에서 채집 후 판매되고 있다.

녹색형

적색형

땅강아지

학 명	*Gryllotalpa orientalis* Burmeister		
목 명	Orthoptera(메뚜기목)	과 명	Gryllotalpidae(땅강아지과)
국 명	땅강아지	별 칭	하늘강아지, 루고

성 충 형 태	몸길이 30~35㎜ 정도. 색깔은 암갈색이며 온몸에 미세한 털이 나 있다. 머리는 앞가슴등판에 비해 좁으면서 입이 뾰족하다. 앞다리의 종아리마디는 삽 모양으로 땅을 파기에 알맞은 모양을 하고 있는 대표적인 곤충이다. 암컷은 산란관이 없다.

DNA 바코드 염기서열 정보	대표 개체 코드	8064	염기 서열 큐알코드	
	분석 개체수	8개체		
	서열차이	0~0.98%		

생 태 정 보	식성	잡식성: 풀뿌리, 곤충 등
	생활사	알–유충(약충)–성충으로 성장한다. 성충은 5~10월에 걸쳐 출현한다. 대개 연못이나 하천근처, 농경지 등의 습기 있는 땅을 파고 대부분의 시간을 땅 속에서 보낸다. 수컷은 울음소리를 내며, 앞다리 종아리마디에 청음기관이 있다.

분 포	국내	전국	국외	일본, 중국, 러시아, 유럽

고 유 성	토종곤충자원(유라시아 고유종)

자원활용도	식약용곤충, 정서애완학습곤충

종충확보	분양		구매	○	채집	○	수입	

활용현황	땅강아지의 누대 및 대량 사육을 위한 연구결과들을 통해 사육법이 「산업곤충 사육기준 및 규격 (II)」에 수록되었으며, 사육키트가 특허 출원된 바 있다.

- 약용: 「동의보감」에 약재명으로 루고(螻蛄)가 땅강아지이다. 다양한 약효가 있는 것으로 여겨 민약으로 이용되고 있으나, 그 약효를 현대적으로 입증한 연구는 아직 드물다.

- 낚시미끼용: 민물장어 등의 미끼로 일부 농가에서 채집하여 판매하기도 한다.

- 전시 사육키트용: 땅강아지의 생김새와 굴 파는 습성을 보여줄 수 있는 전시 키트로 활용 가능하다.

유충(약충)

말매미

학 명	*Cryptotympana atrata* (Fabricius)		
목 명	Hemiptera(노린재목)	과 명	Cicadidae(매미과)
국 명	말매미	별 칭	
성충형태	몸길이 43㎜ 정도(수컷), 45㎜(암컷). 한국산 매미 중 가장 큰 종이다. 윗면은 광택이 나는 흑색으로 금빛가루를 덮고 있다. 아랫면도 흑색이나, 배와 다리 등에 오렌지색 무늬가 있다. 겹눈을 포함한 두부의 폭이 넓어 배의 폭과 거의 같다.		

DNA바코드염기서열정보	대표 개체 코드	8423	염기서열큐알코드	
	분석 개체수	5개체		
	서열차이	0~0.31%		

생태정보	식성	식식성: 각종 활엽수의 뿌리(유충), 나뭇(성충)
	생활사	알–유충(약충)–성충으로 성장한다. 6월 말경 출현해서 8월에 가장 많고, 유충(약충)은 땅 속에서 6년간 생활하는 것으로 알려져 있다. 주로 능수버들이나 플라타너스 등 가로수에서 우는 것을 흔히 볼 수 있으며, 주위가 트인 밝은 평지를 선호한다. 가로등과 같은 불빛이 있으면 한밤중에도 우는 것을 종종 볼 수 있다.

분 포	국내	전국	국외	중국, 대만, 인도차이나반도 북부

고 유 성	토종곤충자원(아시아 고유종)					
자원활용도	식약용곤충					
종충확보	분양		구매		채집	○	수입	
활용현황	• 약용: 매미는 유충(약충)에서 성충으로 날개돋이를 한 후 탈피한 껍질을 나무와 같은 지지대에 붙여 놓는다. 그 껍질을 한방에서는 선퇴(蟬退)라고 하며, 사용법이 「동의보감」에도 올라있다. 최근 중국에서 수입되는 일반의약품의 원재료 중 하나로 선퇴를 이용하고 있다.					

참매미

학 명	*Hyalessa maculaticollis* (Motschulsky)			
목 명	Hemiptera(노린재목)	과 명	Cicadidae(매미과)	
국 명	참매미	별 칭		

성 충 형 태	몸길이 33~36㎜ 정도. 몸의 등면은 흑색 또는 흑갈색 바탕에 녹색, 흰색, 노란색 무늬들이 어울려 있다. 때때로 작은방패판과 복부 등면의 기부에 흰색가루들이 집중적으로 덮고 있다. 날개는 흑갈색의 맥을 가지고 있으며 투명하다. 최근에 국내 집단을 비롯한 대륙집단과 일본의 집단이 같은 종으로 확인되어 학명이 변경되었다.

D N A 바 코 드 염기서열 정 보	대표 개체 코드	8700	염기 서열 큐알코드	
	분석 개체수	8개체		
	서열차이	0~0.16%		

생 태 정 보	식성	식식성: 각종 활엽수의 뿌리(유충), 나뭇가지(성충)
	생활사	알-유충(약충)-성충으로 성장한다. 7월 초~9월 중순까지 활동을 하며, 주로 낮은 산림의 경사지에 많이 산다. 수컷의 울음소리는 크며 복잡한 소리전환을 한다.

분 포	국내	전국	국외	일본, 중국, 러시아 극동지역

고 유 성	토종곤충자원(동북아 고유종)

자원활용도	식약용곤충

종충확보	분양		구매		채집	O	수입	

활용현황	• 약용: 매미는 유충(약충)에서 성충으로 날개돋이를 한 후 탈피한 껍질을 나무와 같은 지지대에 붙여 놓는다. 그 껍질을 한방에서는 선퇴(蟬退)라고 하며, 사용법이 「동의보감」에도 올라있다. 최근 중국에서 수입되는 일반의약품의 원재료 중 하나로 선퇴를 이용하고 있다.

매미허물(선퇴)

날개돋이

수컷

12 애매미

학 명	*Meimuna kuroiwae* Matsumura			
목 명	Hemiptera(노린재목)	과 명	Cicadidae(매미과)	
국 명	애매미	별 칭		

성 충 형 태	몸길이 30㎜ 정도(수컷), 산란관 포함 31㎜ 내외(암컷). 몸은 흑색바탕에 녹색 무늬가 가늘게 있다. 신선한 개체는 등판에 녹색가루, 배에는 은빛가루로 덮여 있다. 아랫면은 흑색바탕에 상당부분이 황색이다. 수컷의 배판은 흑색이거나 녹황색으로 변이가 있다. 암컷의 산란관은 몸밖으로 길게 나와 있다.

D N A 바 코 드 염기서열 정 보	대표 개체 코드	7448	염기 서열 큐알코드
	분석 개체수	11개체	
	서열차이	0~0.16%	

생 태 정 보	식성	식식성: 각종 활엽수의 뿌리(유충), 나뭇가지(성충)
	생활사	알-유충(약충)-성충으로 성장한다. 중부 지방에서는 7월 초~10월 초까지 활동하며 8월이 가장 많다. 평지부터 해발 1,000m 이상의 산지까지 광범위하게 분포한다.

분 포	국내	전국	국외	중국, 대만, 인도

고 유 성	토종곤충자원(아시아 고유종)

자원활용도	식약용곤충

종충확보	분양		구매		채집	○	수입	

활용현황	• 약용: 매미는 유충(약충)에서 성충으로 날개돋이를 한 후 탈피한 껍질을 나무와 같은 지지대에 붙여 놓는다. 그 껍질을 한방에서는 선퇴(蟬退)라고 하며, 사용법이 「동의보감」에도 올라있다. 최근 중국에서 수입되는 일반의약품의 원재료 중 하나로 선퇴를 이용하고 있다.

매미허물(선퇴)

풀색노린재

학 명	*Nezara antennata* Scott		
목 명	Hemiptera(노린재목)	과 명	Pentatomidae(노린재과)
국 명	풀색노린재	별 칭	
성 충 형 태	몸길이 11~14㎜(수컷), 14~17㎜(암컷). 몸은 선녹색이며, 뒷머리의 목 기부는 보통 흑갈색을 띤다. 몸 전체가 녹색인 녹색형과 머리와 앞가슴등의 앞쪽 절반이 황색을 띤 황색띠형이 있다. 앞가슴등판의 옆모서리는 거의 삼각형으로 돌출하여 앞날개 기부의 외연선보다 넓다.		

D N A 바 코 드 염기서열 정 보	대표 개체 코드	8863	염기 서열 큐알코드	
	분석 개체수	2개체		
	서열차이	0~0.15%		

생 태 정 보	식성	식식성: 다양한 식물
	생활사	1년 2회 발생. 알-유충(약충)-성충으로 성장한다. 성충으로 겨울을 나고, 3월 말~4월 중순에 기주 식물로 옮겨가서 6~7월이 되면, 암컷은 잎 뒷면에 60~160개의 알을 무더기로 낳는다. 부화된 애벌레들은 모여 지내며 약 1달이면 성충이 된다. 1세대 성충은 6~7월경, 그리고 2세대 성충은 9월에 나타난다. 경작지 주변뿐 아니라 산지 가장자리 등에서 흔히 발견되는 종이다. 나무로부터 풀에 이르기까지 여러 가지 식물에서 즙을 빨아먹어 해충으로 취급되기도 한다.

분 포	국내	전국	국외	일본, 중국, 동남아시아

고 유 성	토종곤충자원(아시아 고유종)

자원활용도	식약용곤충

종충확보	분양		구매		채집	○	수입	

활용현황	• 약용: 국내 곤충관련 책에서는 풀색노린재를 약재명으로 구향충((九香蟲)처럼 알려져 있지만, 구향충은 *Aspongopus chinensis*의 건조체로서 이 종은 국내 서식하지 않는다. 또다른 노린재류 약재인 춘상(蝽象) 역시 국내에는 기록만 있는 남쪽풀색노린재(*Nezara viridula*)이지만, 이에 가장 가까운 종이면서 흔한 집단을 이루는 종은 풀색노린재이다. 따라서 이들에 대한 약효 분석 등 과학적인 분석이 필요하다.

유충(약충)

녹색형

황색띠형

참검정풍뎅이

학 명	*Holotrichia diomphalia* (Bates)			
목 명	Coleoptera(딱정벌레목)	과 명	Melolonthidae(검정풍뎅이과)	
국 명	참검정풍뎅이	별 칭		
성충 형태	몸길이 16~18㎜. 몸은 윗면과 아랫면 모두 갈색을 띤 흑색이며 광택이 있다. 배의 마지막마디 등판이 중간 뒤쪽에서 불룩 튀어 나왔고, 그 가운데는 세로로 약간 파여서 쉽게 구별된다.			
DNA 바코드 염기서열 정보	대표 개체 코드	14686	염기 서열 큐알코드	
	분석 개체수	2개체		
	서열차이	0%		
생태 정보	식성	식식성: 식물의 뿌리		
	생활사	성충은 4월부터 출현하며, 5~6월경 산란하고 애벌레는 식물의 뿌리를 갉아먹는다. 9월경 3령이 되어 애벌레 상태로 땅 속에서 월동하며, 이듬해 8월에 번데기가 된다. 국내에서 가장 흔한 검정풍뎅이 중의 하나이다.		
분 포	국내	전국	국외	일본, 몽고, 러시아 동부 시베리아
고유성	토종곤충자원(동북아 고유종)			
자원활용도	식약용곤충			
종충확보	분양		구매	채집 ○ 수입
활용현황	• 식약용: 중국에서는 한약재 제조(蠐螬)의 원재를 참검정풍뎅이와 근연종의 건조유충으로 취급하고 있다.			

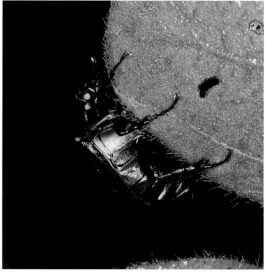

점박이꽃무지

학 명	*Protaetia orientalis submarmorea* (Burmeister)		
목 명	Coleoptera(딱정벌레목)	과 명	Cetoniidae(꽃무지과)
국 명	점박이꽃무지	별 칭	

성충형태	몸길이 20~25.4㎜. 몸은 짙은 녹색 또는 구릿빛 바탕에 녹색의 광택이 난다. 이마방패의 중앙에는 점각이 있고 앞쪽은 가운데가 패여 있으며 앞가장자리가 약간 위로 휘어 있다. 딱지날개에도 반원형 점각이 밀포되어 있고 황백색의 점무늬가 불규칙하게 나 있다. 수컷의 미절판은 볼록하게 부풀었고, 제7복판은 암컷보다 짧다. 암컷은 앞 종아리마디의 제3외치가 분명하고, 미절판은 양옆이 오목하게 함몰하였으며, 제7배마디는 좁고 길다.

DNA 바코드 염기서열 정보	대표 개체 코드	7259	염기 서열 큐알코드	
	분석 개체수	4개체		
	서열차이	0~0.16%		

생태정보	식성	부식성: 썩은 목질부, 볏짚 등
	생활사	성충의 발생 시기는 4~10월이며, 7월과 8월에 가장 많이 출현한다. 대개 애벌레로 월동하나 성충으로 월동하는 경우도 종종 있다. 애벌레는 썩은 나무나 초가집의 지붕, 낙엽, 건초더미, 퇴비 등 유기물이 풍부한 부식성 토양 속에서 서식한다. 성충은 넘어지면 잘 일어나지 못하는 습성이 있다.

분 포	국내	전국	국외	일본, 중국, 대만, 괌, 히말라야, 인도

고 유 성	토종생물자원(아시아 고유종)

자원활용도	식약용곤충

종충확보	분양		구매	○	채집	○	수입	

활용현황	• 식약용: 「동의보감」 등 한방의 약재명은 제조(蠐螬)이며, '등으로 기는 굼벵이가 좋다'고 할 때 해당되는 굼벵이 중 하나가 이들의 유충이다. 한방의 생약 원료로서 사용된다.

유충

녹색형

적자색형

만주점박이꽃무지

학 명	*Protaetia mandschuriensis* (Schürhoff)		
목 명	Coleoptera(딱정벌레목)	과 명	Cetoniidae(꽃무지과)
국 명	만주점박이꽃무지	별 칭	

성충형태	몸길이 22~28㎜. 몸은 전체적으로 연녹색을 띠고 표면이 매끄러우며 강한 광택을 지닌다. 딱지날개에는 흰색무늬가 부분적으로 존재한다. 이마방패의 앞쪽은 직선형이며 이마에 난 둥근 점각은 넓게 퍼져있다. 가운데가슴돌기는 편평한 은행모양이다. 앞종아리마디의 외치는 3개이고 모든 종아리마디와 넓적다리마디의 안쪽에 회갈색의 털이 일렬로 나 있다. 딱지날개의 어깨와 뒷쪽융기는 낮고, 봉합선 중간 뒤쪽과 어깨의 융기부는 역 V자형 점각이 흩어져 있다. 수컷은 미절판이 볼록하고 제7배마디복판이 짧으나, 암컷은 미절판의 양옆이 함몰되어있고 제7배마디판은 길고 뾰족하다.

DNA 바코드 염기서열 정보	대표 개체 코드	8986	염기 서열 큐알코드	
	분석 개체수	3개체		
	서열차이	0~0.15%		

생태정보	식성	부식성: 썩은 목질부
	생활사	4월 초부터 11월 말까지 성충을 볼 수 있으나 주로 5~6월에 집중적으로 나타난다. 성충은 넘어지면 잘 일어나지 못하는 습성이 있다. 애벌레는 썩은 나무 등의 부식성 물질을 먹이로 한다.

분 포	국내	북부, 중부, 남부	국외	중국, 러시아

고 유 성	토종곤충자원(동북아 고유종)

자원활용도	식약용곤충

종충확보	분양		구매	○	채집	○	수입	

활용현황	• 식약용: 「동의보감」 등 한방의 약재명은 제조(蠐螬)이며, '등으로 기는 굼벵이가 좋다'고 할 때 해당되는 굼벵이 중 하나가 이들의 유충이다. 한방의 생약 원료로서 사용된다.

허물벗는 유충

유충

흰점박이꽃무지

학 명	*Protaetia brevitarsis seulensis* (Kolbe)		
목 명	Coleoptera(딱정벌레목)	과 명	Cetoniidae(꽃무지과)
국 명	흰점박이꽃무지	별 칭	

성 충 형 태	몸길이 17~22㎜. 몸은 진한 구릿빛이고, 광택이 있으며, 황백색 무늬가 흩어져 있다. 이마방패의 앞쪽은 직선형이며, 이마는 융기하였고, 둥근 점각이 조밀하게 나있다. 앞가슴등판의 점각은 깊은 초생달 모양으로 옆쪽으로 갈수록 조밀하다. 딱지날개의 어깨와 뒤쪽 융기는 발달하였고, 이들을 잇는 융기선이 분명하다. 딱지날개의 점각은 말발굽모양이고, 옆으로 갈수록 융합되어 물결모양이 된다. 수컷의 복부복판은 세로로 파였고, 제7복판은 암컷보다 짧다.

DNA 바코드 염기서열 정보	대표 개체 코드	9033	염기 서열 큐알코드	
	분석 개체수	1개체		
	서열차이	0%		

생 태 정 보	식성	부식성: 썩은 목질부
	생활사	성충의 발생시기는 4~10월이며, 7월과 8월에 가장 많이 출현한다. 대개 애벌레로 월동하나 성충으로 월동하는 경우도 종종 있다. 애벌레는 썩은 나무나 초가집의 지붕, 낙엽, 건초더미, 퇴비 등 유기물이 풍부한 부식성 토양 속에서 서식한다. 성충은 넘어지면 잘 일어나지 못하는 습성이 있다. 실내 사육에서 유충기간은 대개 3~5개월 정도로 발효톱밥의 질에 따라서 다르다. 번데기 기간은 대략 13~17일 정도 소요된다.

분 포	국내	전국	국외	일본(쓰시마), 러시아 동부 시베리아

고 유 성	토종곤충자원(동북아 고유종)					
자원활용도	식약용곤충					
종충확보	분양		구매	○	채집	○	수입	

활용현황	• 약용: 「동의보감」 등 한방의 약재명은 제조(蠐螬)이며, '등으로 기는 굼벵이가 좋다'고 할 때 해당되는 굼벵이 중 하나가 이들의 유충이다. 한방의 생약 원료로서 사용된다. • 식용: 2014년 9월 30일 새로운 식품원료로서 곤충 중에서 2번째로 흰점박이꽃무지 유충이 한시적으로 인정받았다. 특히, 심혈관계 질환 예방에 효과가 있는 불포화 지방산이 77%, 불포화 지방산 중 하나인 올레산은 100g당 약 8~14g이 들어있는 곤충이다.

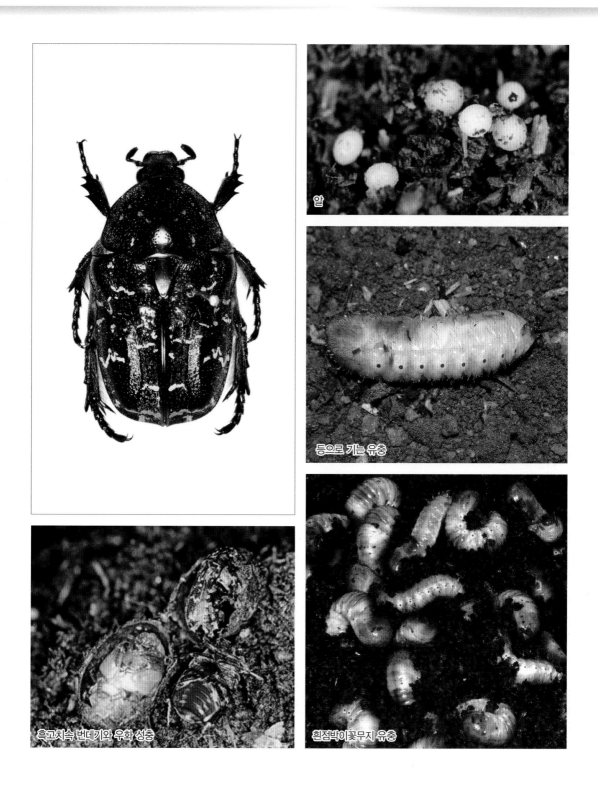

알

등으로 기는 유충

흰점박이꽃무지 유충

흑고치속 번데기와 우화 성충

청가뢰

학 명	*Lytta caraganae* (Pallas)		
목 명	Coleoptera(딱정벌레목)	과 명	Meloidae(가뢰과)
국 명	청가뢰	별 칭	
성충형태	몸길이 18~20㎜. 몸은 광택이 있는 청남색을 띠고, 딱지날개는 금속광택의 노란빛이 도는 녹색 또는 푸른빛이 도는 남색을 띤다. 머리는 삼각형이고 뒤쪽 모서리는 둥글다. 머리의 가운데에는 희미한 세로홈이 있다. 앞가슴등판은 비교적 넓고 편평하고 점각이 굵은 편이며, 얕은 세로홈이 있다. 다리는 가늘고 길며 몸의 아래와 다리에 짧은 털이 나 있다.		

DNA 바코드 염기서열 정보	대표 개체 코드	1415	염기 서열 큐알코드	
	분석 개체수	1개체		
	서열차이	0%		

생태정보	식성	기생성: 메뚜기류의 알(유충), 식식성: 콩류 등(성충)
	생활사	성충은 봄부터 가을까지 볼 수 있으나 주로 5~6월에 많다. 예전에는 야산에서 어린 싸리나무를 까맣게 덮고 있을 만큼 많았지만 요즘은 그리 많지 않다.

분 포	국내	전국	국외	일본, 중국, 시베리아

고유성	토종곤충자원(동북아 고유종)

자원활용도	식약용곤충

종충확보	분양		구매		채집	○	수입	

활용현황	• 약용: 한약재명은 청낭자(靑娘子) 또는 녹완청(綠完菁)이라고 한다. 칸타리딘이란 성분을 갖고 있어 독성이 매우 강하다. 일제강점기 때는 이 종을 이용하여 매독 약을 만든 역사도 있을 뿐 아니라 동서양에서 모두 성과 관련된 이용 역사를 갖고 있다. 중국에서도 의료용 독성한약재로 관리되고 있다.

애남가뢰

학 명	*Meloe auriculatus* Marseul		
목 명	Coleoptera(딱정벌레목)	과 명	Meloidae(가뢰과)
국 명	애남가뢰	별 칭	지담(地膽)
성 충 형 태	몸길이 8~20㎜. 몸은 푸른 빛이 도는 어두운 남색이고 광택이 있다. 머리는 사각형으로 가로로 넓은 편이며, 눈은 크다. 앞가슴등판은 오각형이고, 머리의 폭과 비슷하거나 약간 좁다. 딱지날개는 주름모양의 점각이 비교적 고운 편이고, 길이가 짧아 배를 완전히 덮지 못하며, 날개의 앞부분은 좌우가 겹치지만 뒷부분은 벌어져 있다. 몸의 앞부분의 크기에 비해 배부분이 크기가 크고 부풀어 있다. 수컷의 더듬이마디 2~7마디는 가로로 넓고, 특히 6~7번째 마디는 매우 넓게 변형되어 있다. 암컷의 각 더듬이 마디는 길이가 너비보다 길다.		

D N A 바 코 드 염기서열 정 보	대표 개체 코드	15331	염기 서열 큐알코드	
	분석 개체수	1개체		
	서열차이	0%		

생 태 정 보	식성	기생성: 꿀벌과 벌류(유충), 식식성: 초본류(성충)
	생활사	들이나 낮은 산의 풀밭에서 서식하고, 각종 초본류를 먹이로 한다. 늦가을까지 볼 수 있고, 알로서 겨울을 난다. 위협을 느끼면 다리 등의 관절이나 몸에서 칸타리딘을 분비한다.

분 포	국내	중부 남부	국외	일본
고 유 성	토종곤충자원(동북아 고유종)			
자원활용도	식약용곤충			

종충확보	분양		구매		채집	○	수입	

활용현황	• 약용: 한약재명 지담(地膽)의 기원곤충에 포함될 수 있는 종으로, 칸타리딘이란 성분을 갖고 있어 독성이 매우 강하다. 청가뢰와 마찬가지로 극독성이 있는 종이다.

암컷

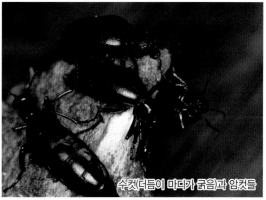

수컷(더듬이 마디가 굵음)과 암컷들

갈색거저리

학 명	*Tenebrio molitor* Linnaeus		
목 명	Coleoptera(딱정벌레목)	과 명	Tenebrionidae(거저리과)
국 명	갈색거저리	별 칭	

성충형태	몸길이 14~15mm 정도. 흑적색으로 광택이 나며 장난형으로 생겼는데, 몸의 옆선은 평행하면서 등은 약간 볼록하다. 머리는 오각형에 가깝고 크고 거친 주름이 밀집되어 있다. 겹눈사이의 거리가 겹눈지름의 약 3.5배로 좁은 편이고, 작은턱수염의 제4마디는 원통형으로 근연종인 곡물거저리와 쉽게 구별된다. 앞날개의 홈줄 사이에서도 주름이 약한 편이면서 거친 점각을 지녔다.

DNA 바코드 염기서열 정보	대표 개체 코드	7088	염기 서열 큐알코드	
	분석 개체수	13개체		
	서열차이	0~2.19%		

생태정보	식성	부식성: 곡물, 곡물가공물, 깃털, 죽은 동물 등
	생활사	암컷은 점착물질을 붙여서 산란배지(밀기울 등)나 사육용기에 붙여 산란한다. 25℃ 조건에서 1~2주일 만에 부화된 유충은 3~4개월 걸려 성장한다. 평균 12회 탈피를 하며 몸길이 28~35mm까지 자라게 된다. 서식장소에서 번데기로 변하며, 1~2주 후에 성충으로 우화된다. 주로 밀기울을 먹이나, 채소를 줄 경우 집단으로 모여 먹는 습성이 있다.

분 포	국내	전국	국외	전 세계

고유성	토종곤충자원(범세계 분포종)

자원활용도	식용곤충, 사료용곤충

종충확보	분양		구매	○	채집		수입	

활용현황	• 식용: 한시적 식품원료로 2014년 허용되어 환자영양식 등 다양한 시제품과 요리 레시피가 개발되고 있는 중이다. 벨기에에서도 식품원료로 2013년 등재되었다. 영양성분을 분석한 결과, 유충의 건조분말은 단백질 45~57%, 지방 25~34%, 탄수화물 8~11%의 비중으로 나타났다. • 사료용: 과거 동물원에서 사육동물의 사료로서 대량 사육되었고, 최근에는 중국을 중심으로 대량생산되어 유럽으로 수출되고 있다. 국내에서도 애완동물 사료로 시제품이 나와 있거나 수입되고 있고, 연구진들에 의하여 가축 또는 수산양식 사료로 개발중에 있다.

알

유충(밀웜)

번데기

성충으로 갓 날개돋이한 개체들

아메리카왕거저리

학 명	*Zophobas atratus* Fabricius		
목 명	Coleoptera(딱정벌레목)	과 명	Tenebrionidae(거저리과)
국 명	아메리카왕거저리	별 칭	
성 충 형 태	몸길이 30~35㎜. 대형 거저리로 길쭉하고 검은색이다. 머리에서 겹눈은 콩팥모양으로 그의 겹눈 가장자리는 테두리져 있으며, 더듬이는 염주모양으로 끝으로 가면서 약간 곤봉모양을 띤다. 작은턱 수염의 마지막 마디는 넓은 도끼 모양이고, 아랫입술 수염의 마지막 마디는 좁은 삼각형이다. 앞가 슴등판은 볼록하고, 모든 가장자리는 뚜렷하게 테두리져 있다. 암수구분은 머리의 이마방패봉합선 의 유무로서, 수컷이 깊게 함입되어 있고, 암컷은 직선형으로 패여 있지 않다.		

DNA 바코드 염기서열 정보	대표 개체 코드	7099	염기 서열 큐알코드	
	분석 개체수	36개체		
	서열차이	0~0.33%		

생 태 정 보	식성	부식성: 곡물 등 식물질, 건조된 동물질
	생활사	1년 2회 발생. 원래 열대 중미와 남미지역에서 서식하던 종이 전세계로 도입, 이용되고 있다. 어두운 곳을 좋아하고 습도가 높은 환경을 싫어한다. 최적온도는 25℃~28℃이며, 이같은 환경에서 산란 후 1주일 정도가 지나 부화되어, 4개월 이상의 유충 기간을 가지 고, 15일 정도의 번데기 기간을 거쳐야 성충이 된다. 이들의 종령 유충은 단독으로 번데 기가 되는 것을 좋아한다. 성충은 약 한달 정도 지나야 생식개체로서 역할을 할 수 있다.

분 포	국내		국외	거의 전세계
고 유 성	도입곤충자원(전세계)			
자원활용도	사료용곤충			

종충확보	분양		구매	○	채집		수입	

활용현황	• 사료용: 밀웜보다 매우 몸집이 큰 종류로 유충 자체를 파충류, 조류의 먹이로, 그의 분말을 양식 어 사료로 이용한다. 국내에서는 애완동물 사료로 주로 사용되고 있다.

유충(수퍼밀웜)

외미거저리

학 명	*Alphitobius diaperinus* (Panzer)		
목 명	Coleoptera(딱정벌레목)	과 명	Tenebrionidae(거저리과)
국 명	외미거저리	별 칭	

성충형태	몸길이 약 6mm. 작은 밀웜으로 알려져 있다. 광택이 나는 흑갈색을 띠고, 몸은 장난형으로 등면은 볼록하고 옆선은 평행하다. 더듬이는 염주형으로 끝마디 쪽으로 팽창되어 있다. 앞가슴등판은 볼록하며, 크고 규칙적인 점각이 있다. 딱지날개에는 작은 점각이 성글고, 기부 2/3부분은 불규칙하게 주름져 있으며, 말단 1/3부분은 강하게 주름져 있다. 앞다리 종아리마디 끝쪽 1/3에서 물결모양으로 굽어져 들어가 있다.

DNA 바코드 염기서열 정보	대표 개체 코드	15316	염기 서열 큐알코드	
	분석 개체수	1개체		
	서열차이	0%		

생태정보	식성	부식성: 저장곡물, 양계장 배설물, 깃털 등
	생활사	원래 열대성 종으로 따뜻하고 습기 많은 환경을 좋아한다. 풍부한 먹이원이 되는 곡물과 그 부산물, 양계장 같은 곳에 쉽게 정착하면서 닭똥과 깃털, 곰팡이, 알, 주변 곤충까지 다양한 것을 소비한다. 사육조건에서 암컷은 200~400개 알을 낳는다. 일주일 만에 유충이 되는데, 밀웜과 비슷하고 조건에 따라서 6~11령까지 40~100일정도 걸려 성숙한다. 이 때 습도가 높은 환경이 좋다. 유충과 성충은 기본적으로 야행성이다.

분 포	국내	경기, 충청북도, 제주	국외	전 세계(서부 사하라 기원)

고 유 성	도입곤충자원(범세계 분포종)

자원활용도	식용곤충

종충확보	분양		구매		채집	○	수입	

활용현황	• 식용: 최근 벨기에서 10종의 식용 곤충의 하나로서 발표한 바 있고, 이 곤충의 건조한 유충을 파우더 형태로 첨가된 햄버그 스테이크와 곤충육류 제품이 생산되었다. 국내에서 사육연구는 아직 진행되지 않았다. 외국에서 양계장의 해충으로 취급되고 있으나, 실내 안전 사육이 된다면 이용 가치가 높을 수 있다.

23 뽕나무하늘소

학 명	*Apriona germari* (Hope)		
목 명	Coleoptera(딱정벌레목)	과 명	Cerambycidae(하늘소과)
국 명	뽕나무하늘소	별 칭	
성충형태	몸길이 32~45mm. 우리나라에 서식하는 하늘소 종류로는 큰 편이다. 하늘소(*Massicus raddei*)와 매우 유사하나 크기가 작고 폭도 좁다. 몸은 흑색이나 회황색의 미세한 털로 덮혀있다. 앞가슴등판의 양옆에 뾰족한 가시돌기가 있고, 딱지날개의 앞쪽에는 알맹이 모양의 작은 돌기들이 있다. 더듬이는 흑색이나 마디마다 밑쪽의 절반이상이 회색의 미세한 털로 덮여 있으며, 수컷의 것은 몸길이보다 조금 길고 암컷의 것은 약간 짧다.		

DNA 바코드 염기서열 정보	대표 개체 코드	9901	염기 서열 큐알코드	
	분석 개체수	1개체		
	서열차이	0%		

생태정보	식성	식식성: 뽕나무, 사과나무, 무화과나무 버드나무 등의 줄기나 가지 속
	생활사	2~3년 1회 발생. 성충은 7~9월에 성충이 되어 2~3년생 가지를 물어뜯어 상처를 내고 알을 낳는다. 부화된 유충은 속껍질을 먹으면서 점차 목질부로 들어가 아래쪽으로 내려가면서 파먹고 가지 밖으로 배설한다. 유충으로 월동하지만 드물게 알로도 한다. 성충은 야행성으로 불빛에 잘 모이지만 오전 일찍 나무 위로 다닌 것이 발견되기도 한다. 유충은 여러 종류의 활엽수에 기생하지만 우리나라에서는 주로 뽕나무에 많다.

분 포	국내	전국	국외	일본, 대만, 중국

고 유 성	토종곤충자원(동북아 고유종)						
자원활용도	식약용곤충						
종충확보	분양		구매		채집	○	수입	

활용현황	• 약용: 고대 중국의 약전으로부터 상낭충(桑蠹蟲)으로 알려져 민약으로 이용되어 왔다. 최근에도 다양한 증상으로 이 하늘소의 유충을 찾는 경우가 종종 있다. 대량사육 연구가 수행되었던 종으로 사육법과 인공사료 등의 제조법 등이 나와 있고, 사육을 하면 한 세대가 1년으로 기간이 단축될 수 있다.

뽕나무하늘소 유충

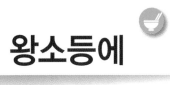

24 왕소등에

학 명	*Tabanus chrysurus* Loew		
목 명	Diptera(파리목)	과 명	Tabanidae(등에과)
국 명	왕소등에	별 칭	

성충형태	몸길이 21~26㎜. 몸은 흑갈색으로 전체적으로 말벌을 닮았다. 머리에는 회갈색 가루와 황금색 털이 촘촘히 덮여 있고, 앞이마는 등황색 가루로 덮여 있다. 가슴등판은 흑갈색이나 중앙에서 멀리 떨어진 부분에 황금색의 털로 된 2개의 세로줄이 있다. 배에는 각 마디의 뒷가장자리에 황금색 털로 된 가로띠가 있다.

DNA 바코드 염기서열 정보	대표 개체 코드	6559	염기 서열 큐알코드
	분석 개체수	2개체	
	서열차이	0%	

생태정보	식성	포식성: 지렁이 등(유충), 흡혈성: 소와 말 등 포유 동물(성충)
	생활사	성충은 소와 말 등의 몸에 붙어서 흡혈하는 종으로 6~9월에 성충이 나타난다. 암컷은 물가의 풀잎에 산란하고, 유충은 습지와 도랑 속에서 생활하며 지렁이 등을 먹고 자란다. 번데기 역시 흙속에서 만들어진다. 주로 소와 말의 뒷면을 공격하며, 찔리면 매우 고통스럽다.

분 포	국내	전국	국외	일본, 중국 동북부, 러시아 극동부

고 유 성	토종생물자원(동북아 고유종)

자원활용도	식약용 곤충

종충확보	분양		구매		채집	○	수입	

활용현황	• 약용: 한약재로 맹충이라고 하며, 「동의보감」에서도 사용법을 언급하고 있다. 최근 맹충 유래 글라이코자미노글라이칸 분리정제 및 구조를 밝혔고, 항응혈 작용에 의해 혈전 용해작용을 나타낼 수 있음도 확인되었다. 관상동맥 질환(협심증 등)과 뇌혈관 질환을 포함하는 혈전 관련 각종 질환 등의 치료 또는 예방에 적용 가능성이 제시되었다.

소등에

학 명	*Tabanus trigonus* Coquillett		
목 명	Diptera(파리목)	과 명	Tabanidae(등에과)
국 명	소등에	별 칭	

성충 형태	몸길이 24~29㎜. 몸집이 큰 파리류로 겹눈은 녹색, 가슴등판은 흑색이며 황색털이 났고 앞의 반은 3개의 세로줄이 있다. 배는 가슴에 비해 넓으면서 장방형이며, 등면은 흑갈색내지 회흑색을 기본으로 한다. 각 마디의 등면 중앙에 회황색의 뚜렷한 삼각무늬를 가지고 있으며 개체에 따라 제2~4 배마디등판의 양쪽에 큰 적갈색의 무늬도 있다. 다리의 넓적다리마디는 뚜렷이 더 검은 흑갈색 내지 흑색이다.

DNA 바코드 염기서열 정보	대표 개체 코드	8446	염기 서열 큐알코드	
	분석 개체수	1개체		
	서열차이	0%		

생태 정보	식성	포식성: 지렁이 등(유충), 흡혈성(성충)
	생활사	2년 1회 발생. 유충은 9령까지 성장한다. 가축 등의 피를 빨지만 벌 소리를 흉내 내면서 인간을 공격하기도 한다. 독은 없지만, 찔리면 꽤 아프다. 나무의 수액이 있는 곳에도 잘 온다. 유충은 육식성으로 방목장의 땅속이나 습지 등에 서식하는 지렁이 등을 포식한다. 번데기 역시 흙속에서 만들어진다.

분 포	국내	전국	국외	일본

고유성	토종곤충자원(동북아 고유종)

자원활용도	식약용곤충

종충확보	분양		구매		채집	○	수입	

활용현황	• 약용: 한약재로 맹충이라고 하며, 「동의보감」에서도 사용법을 언급하고 있다. 최근 맹충 유래 글라이코자미노글라이칸 분리정제 및 구조를 밝혔고, 항응혈 작용에 의해 혈전용해작용을 나타낼 수 있음도 확인되었다. 관상동맥 질환(협심증 등)과 뇌혈관 질환을 포함하는 혈전 관련 각종 질환 등의 치료 또는 예방에 적용 가능성이 제시되었다.

등에류 유충

박각시

학 명	*Agrius convolvuli* (Linnaeus)		
목 명	Lepidoptera(나비목)	과 명	Sphingidae(박각시과)
국 명	박각시	별 칭	깻망아지(유충)
성충 형태	날개편길이 104~114㎜. 대형종으로 몸과 날개는 어두운 회색이고, 가슴은 갈색 바탕에 검정색의 Ω형이 있다. 배의 등면은 회색이고 각 배마디는 백색, 적색, 검정색의 세 가지 가로띠 무늬가 있다. 앞날개에는 흑갈색 또는 검정색의 복잡한 물결 무늬가 있으나 개체에 따라 변화가 심하여 물결 무늬가 불분명한 경우도 있다. 일반적으로 날개 끝에서 시작되는 번갯불 모양의 경사진 줄이 있다. 뒷날개는 4줄의 암색 띠가 있다.		

DNA 바코드 염기서열 정보	대표 개체 코드	7656	염기 서열 큐알코드	
	분석 개체수	2개체		
	서열차이	0~0.15%		

생태 정보	식성	식식성: 고구마, 봉숭아, 들깨를 비롯하여 천남성과, 메꽃과, 콩과, 아욱과 식물(유충)
	생활사	1년 2회 발생. 성충은 7월 초부터 10월 말까지 볼 수 있다. 유충은 광식성이다. 특히 고구마 밭에서 고구마를 캐다가 발견되는 경우가 많으며, 유충의 몸색이 세 가지로 변화되어 다른 종으로 오해 받는 경우가 있다. 실내사육에서 알은 습도에 상당히 민감하고, 유충기간은 18~20일 정도, 번데기 기간은 9~13일 정도로 온도에 따라 달라진다. 번데기로 월동을 한다.

분 포	국내	전국	국외	구북구, 동양구, 이디오피아구, 오스트레일리아구 대부분

고 유 성	토종곤충자원(범세계 분포종)						
자원활용도	식용 및 사료용, 정서애완학습곤충, 레저용						
종충확보	분양		구매		채집	○	수입	

활용현황	• 식용 및 사료용: 단백질원으로 이용가치가 높아 식용 및 사료용으로 이용 가능성이 제기되었다. 박각시 인공사료와 집단사육법이 특허 출원된 바 있으며, 새로운 사육방식에 대한 연구가 진행 중이다. • 애완학습 및 레저용: 원래 이 종은 북미의 실험곤충(*Manduca sexta*)과 충체 크기가 비슷해서 연구용 곤충으로 많이 쓰였었다. 최근에는 애벌레의 특이한 생김새를 중심으로 애완학습용 키트 제작과 낚시용 미끼 적용 등을 모색하고 있다.

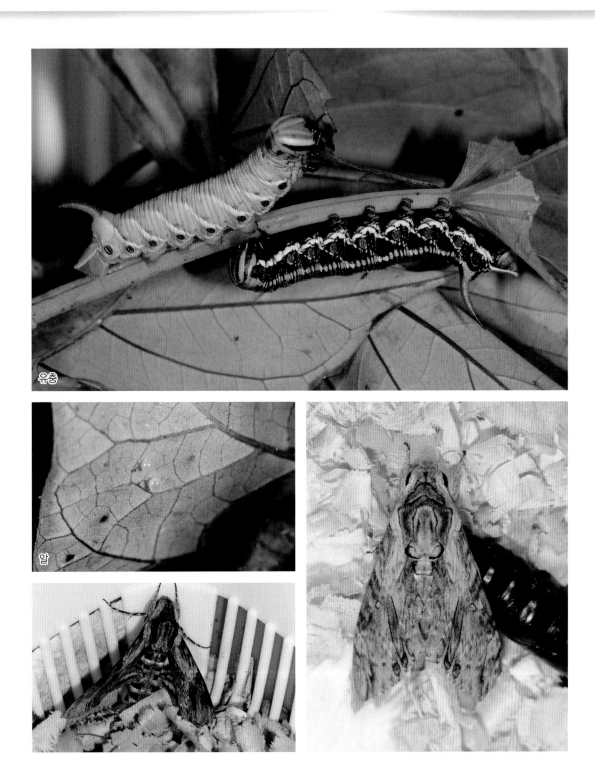

유충

알

꿀벌부채명나방

학 명	*Galleria mellonella* (Linnaeus)		
목 명	Lepidoptera(나비목)	과 명	Pyralidae(명나방과)
국 명	꿀벌부채명나방	별 칭	

성충형태	날개편길이 28mm 내외. 더듬이는 암수 모두 미모상이며, 머리는 백갈색이고, 앞이마는 인모에 의해 앞으로 돌출되었다. 몸통 및 다리는 거의 회갈색이다. 앞날개의 외연은 오목하게 함입되어 있다. 수컷은 작고 앞날개가 황갈색이며, 암컷은 크고 앞날개가 암갈색이다.

DNA 바코드 염기서열 정보	대표 개체 코드	15311	염기 서열 큐알코드
	분석 개체수	5개체	
	서열차이	0~0.3%	

생태정보	식성	기생성: 꿀벌이나 야생 말벌집(유충)
	생활사	성충은 보통 8~9월에 출현하나 연 1~2회 발생하며, 유충 형태로 겨울을 지낸다. 유충은 꿀벌의 둥지 안으로 들어가 밀랍성분의 집에 이리저리로 굴을 만들어 피해를 주는 양봉해충이다.

분 포	국내	전국	국외	전 세계

고유성	토종곤충자원(범세계 분포종)

자원활용도	실험용곤충, 식용

종충확보	분양	○	구매		채집	○	수입	

활용현황	국내에서 아직 대량사육 가능성이 연구된 결과는 없다. 다만, 2007년 경제적 인공사육을 위한 사료개발 연구가 수행된 바 있다. • 식용: 벨기에에서 이 종을 식용곤충으로 등록하였다. • 실험용곤충: 다양한 응용생물학적 연구에 사용된 곤충이다.

28 털보말벌

학 명	*Vespa simillima simillima* Smith		
목 명	Hymenoptera(벌목)	과 명	Vespidae(말벌과)
국 명	털보말벌	별 칭	

성충형태	몸길이 17~23㎜. 대형종으로 전체적으로 온몸에 긴 털이 조밀하게 나 있는 종이다. 머리에서 홑눈 빼고는 모두 오렌지색을 띠며, 흑색털이 전체적으로 나 있다(이마방패 제외). 가슴은 검고 황색털이 나 있는데, 특히 어깨판에 밀집되어 있고, 배에도 털이 밀생한다. 배마디마다 등판은 오렌지색 무늬가 뒤쪽 가두리의 1/3이상을 차지하며, 마지막 마디만 전체가 오렌지색이다. 어깨판 앞쪽 용골선은 불완전하다.

DNA 바코드 염기서열 정보	대표 개체 코드	7199	염기 서열 큐알코드
	분석 개체수	3개체	
	서열차이	0~1.55%	

생태정보	식성	육식성: 나비류를 포함한 다양한 곤충류의 유충 및 성충(유충)
	생활사	1년 1회 발생. 지난해 짝짓기하고 겨울을 난 여왕벌은 4월부터 출현하기 시작한다. 성충은 꽃가루나 꽃꿀을 먹지만, 유충에게는 육식성으로 다른 곤충을 잡아서 경단으로 만들어 먹인다. 6월 이후가 되어야 본격적으로 무리가 커지며 10월 말까지 생활한다. 도심부 근에서도 잘 서식할 수 있다.

분 포	국내	전국	국외	일본, 중국, 러시아 극동지역

고 유 성	토종곤충자원(동북아 고유종)

자원활용도	식약용곤충

종충확보	분양		구매	○	채집	○	수입	

활용현황	• 민약용: 둥지를 따서 그 안에 들은 성충과 유충을 함께 다리거나 술을 담가서 민약용으로 판매한다. 양봉가를 비롯하여 전문적인 채취가들에 의하여 벌집을 따서 이용하는 수준이다. 꿀벌 독에 비하여 말벌 독 이용 연구는 아직 미진한 편이다.

땅벌

학 명	*Vespula flaviceps* (Smith)		
목 명	Hymenoptera(벌목)	과 명	Vespidae(말벌과)
국 명	땅벌	별 칭	

성 충 형 태	몸길이 10~14㎜ 정도(일벌). 몸은 흑색바탕에 많은 황색의 무늬가 있으며 그 무늬는 변이가 심하다. 암컷의 머리는 장방형이고, 정수리의 폭은 겹눈 사이의 길이보다도 좁다. 머리 전면에는 점각과 흑색 털이 조밀하다. 머리방패에는 둔한 2개의 이가 있고, 더듬이는 12마디이다. 날개는 고르게 갈색을 띠며 가슴의 등판에는 점각과 흑색털이 밀생한다. 수컷은 암컷보다 온몸에 흑색의 털이 더 밀생했고, 더듬이가 길다.

DNA 바코드 염기서열 정보	대표 개체 코드	6558	염기 서열 큐알코드	
	분석 개체수	1개체		
	서열차이	0%		

생 태 정 보	식성	포식성 및 부육성: 나비류 등 다양한 곤충류, 죽은 동물 등(유충)
	생활사	4월 초부터 6월까지 번식을 한다. 성충은 땅속에 여러 층의 집을 만드는데 일본자료에 의하면, 집 하나가 높이 20cm, 폭 20~25cm 정도가 되고, 그 내부에는 7,000개의 방이 있으며, 여왕 1개체, 2,000마리의 일벌, 245마리의 수벌이 있는 것으로 분석된 바 있다. 성충 벌들은 참나무의 수액, 과일이나 주스에 모이는 습성도 있다.

분 포	국내	중부, 남부지방	국외	일본, 중국 동부, 대만, 러시아 극동지역, 시베리아, 유럽

고 유 성	토종곤충자원(유라시아 고유종)

자원활용도	식약용곤충

종충확보	분양		구매		채집	○	수입	

활용현황	• 민약용: 이들의 애벌레가 많은 번식기에 땅을 파고 집을 털어다가 술에 담궈 먹거나 판매한다. 주로 산지에 가면 약술을 만들어 파는 곳이 있다. • 식용: 일본에서는 유충을 함께 넣은 밥을 지어 먹는다. 땅벌의 집 규모가 아직 작을 때 인위적으로 옮겨와 관리해 유충을 수확하기도 한다.

30 참땅벌

학 명	*Vespula koreensis koreenis* Radoszkowski		
목 명	Hymenoptera(벌목)	과 명	Vespidae(말벌과)
국 명	참땅벌	별 칭	

성충형태	몸길이 여왕벌 14.5~16㎜, 일벌 9.5~12㎜, 수벌 약 9㎜. 정수리는 매우 짧다. 뒷머리용골선은 큰 턱까지 완전하게 잘 발달하였다. 여왕벌의 몸에 난 무늬는 붉은색을 띠며, 일벌과 수벌은 노란색이다. 전신복절에는 무딘 용골선이 조밀하게 나있다. 제1배마디 등판의 아기부는 좁게 압착되었다.

DNA 바코드 염기서열 정보	대표 개체 코드	6278	염기 서열 큐알코드
	분석 개체수	2개체	
	서열차이	0~0.62%	

생태정보	식성	포식성 및 부육성: 다양한 곤충류, 죽은 동물 등(유충)
	생활사	활엽수림과 그 주변에서 서식한다. 4~10월에 출현하여 땅속에 집을 짓는다.

분 포	국내	전국	국외	중국 북동부, 러시아 극동지역

고 유 성	토종곤충자원(동북아 고유종)

자원활용도	식약용곤충

종충확보	분양		구매	○	채집	○	수입	

활용현황	• 민약용: 이들의 애벌레가 많은 번식기에 땅을 파고 집을 털어다가 술에 담궈 먹거나 판매한다. 주로 산지에 가면 약술을 만들어 파는 곳들이 있다.

왕지네

학 명	*Scolopendra subepinipes mutilans* L. Koch			
목 명	Scolopendromorpha(왕지네목)		과 명	Scolopendridae(왕지네과)
국 명	왕지네		별 칭	

성충형태	몸길이는 80~110㎜ 내외. 머리는 둥근 사다리꼴로 짙은 갈색 또는 다홍색을 띤다. 제1등판은 갈색이거나 짙은 갈색이며, 제2등판부터는 검은색에 가깝다. 더듬이는 총 19마디로 되어 있고 붉은 갈색이지만 끝쪽의 5마디는 점차 검은색을 띤다. 머리 폭은 약 6.2~7.2㎜이다. 가슴은 바나나 모양이며 검은색 체절 중 2, 4, 7, 9, 11, 13, 15, 17, 19마디에 2개씩 기관숨문이 있다. 다리는 총 40개로 5마디로 구성되어 있고, 갈색, 빨간색, 노란색 등을 띠고 5마디 끝에는 검은색 가시가 1개 있고, 5마디와 가시돌기 사이에 작은 가시돌기가 1개 있다. 꼬리는 한 쌍으로 각각 5마디인데, 첫째 마디엔 6개의 가시돌기가 있다.

DNA 바코드 염기서열 정보	대표 개체 코드	9326	염기 서열 큐알코드
	분석 개체수	22개체	
	서열차이	0~1.86%	

생태정보	식성	포식성: 곤충류, 거미류, 때로는 개구리 등 작은 동물
	생활사	왕지네의 수명은 3~5년 정도 이며, 30~60개 정도 산란을 한다. 어미지네는 산란을 한 후 알을 포란하며, 부화된 새끼 역시 포란 행동을 취한다. 산란 후 약 40~45일 정도 지나면 새끼들이 분산을 하고 성체가 되어 짝짓기 하는데 수컷은 보통 1.5년 이상, 암컷은 3년 이상인 것으로 알려져 있다. 물을 싫어하는 습성은 있지만 수면 위를 빠르게 걸어갈 수 있다. 주로 야행성이며, 유충이나 성충으로 주로 바위 밑이나 낙엽, 썩은 나무 등에서 월동한다.

분 포	국내	전국	국외	일본

고 유 성	토종지네자원(동북아 고유종)

자원활용도	식약용

종충확보	분양		구매	○	채집	○	수입	

활용현황	• 민약용: 한방에서 왕지네를 대나무 막대기에 머리와 꼬리를 묶어서 말린 것을 오공(蜈蚣)·토충(土蟲)·천룡(天龍)이라 한다. 중국에서 수입된 양약화된 제품의 제재로서 왕지네가 포함되어 있다. • 식용: 지네술이 판매되고 있으며, 농가에서는 닭이나 오골계 병아리에게 지네 200~300마리를 갈아 먹인 후 탕으로 판매하기도 하고, 백숙에 3~5마리를 넣어 백숙용으로 먹기도 한다.

알품기

2-5

수술을
대신해 주는 곤충

01 구리금파리

구리금파리

학 명	*Phaenicia sericata* (Meigen)		
목 명	Diptera(파리목)	과 명	Calliphoridae(검정파리과)
국 명	구리금파리	별 칭	
성충형태	몸길이 10~14mm. 집파리보다 큰 종으로 가슴과 배는 광택나는 연두색을 가졌다. 가슴등판에는 짧고 성긴 검은 센털들이 많고 3개의 가로 홈이 나있다. 날개맥은 투명하고 밝은 갈색이다. 다리와 더듬이는 흑색에 가깝다. 배의 4마디 가장자리에 센털 줄이 나있다.		

DNA 바코드 염기서열 정보	대표 개체 코드	15323	염기 서열 큐알코드	
	분석 개체수	2개체		
	서열차이	0~0.2%		

생태정보	식성	부식성: 죽은 동물, 사체 등
	생활사	6월 중순과 9월 초순에 가장 많이 발생한다. 사람과 짐승의 똥에서 잘 보이고, 암컷은 야외에서 썩어가는 동물의 가죽 밑, 입 속, 콧구멍 등에 산란 한다. 자료에 의하면, 암컷은 한 배에 150~200개씩, 일생동안 2,000~3,000개를 낳을 수 있다. 알은 빠르면 9시간만에 유충이 되어, 3~10일 정도 먹고 3령이 되었다가 흙으로 떨어져서 번데기가 된다. 약 6~14일후에 성충으로 우화된다.

분 포	국내	전국	국외	전세계

고 유 성	토종곤충자원(전세계 공통종)						
자원활용도	치료용 곤충, 법의곤충						
종충확보	분양		구매	○	채집	○	수입	

활용현황	• 치료용: 1931년 처음으로 도입된 금파리 이용방법은 감염부위의 상처에 접종된 구더기가 괴사조직이나 부스럼을 제거하고 자체 소독작용에 의하여 궁극적인 치료 과정에 도움을 주는 방식이다. 30-40년대에는 미국에서만 300개 이상의 병원에서 사용된 바 있다. 1990년 이후 다시 사용되고 있으며, 특히 관행적인 처치로 치료에 실패한 만성적인 괴사성 상처를 치료하는 데 이용되고 있다. 국내에서도 무균금파리의 생산을 위한 사육배지의 선발 등의 연구가 수행된 바 있다. • 법의학용: 사체에 발생한 유충을 이용하여 사망시간 예측에 사용하고 있다. 이 종은 사체발생 현장에 가장 빨리 도착하는 것으로 밝혀져 있다.

2-6

배설물과 음식물 폐기물을
치워 주는 곤충

01 아메리카동애등에 **02** 뿔소똥구리 **03** 왕소똥구리

04 렌지소똥풍뎅이 **05** 큰점박이똥풍뎅이 **06** 집파리

아메리카동애등에

학 명	*Hermetia illucens* (Linnaeus)		
목 명	Diptera(파리목)	과 명	Stratiomyidae(동애등에과)
국 명	아메리카동애등에	별 칭	

성 충 형 태	몸길이 12~20㎜. 가늘고 긴 형으로 더듬이도 길어서 말벌류의 하나로 착각하기 쉽다. 몸은 검은색 또는 청색빛이 돌며, 첫 번째 배마디 등쪽으로 백색 또는 황갈색의 크고 반투명한 무늬가 있으며, 다리의 발목마디는 황색 빛이 도는 백색이다. 날개는 투명하나 흑색이며 약한 보라색 광택이 있고 평균곤은 백색이다.

D N A 바코드 염기서열 정 보	대표 개체 코드	8555	염기 서열 큐알코드	
	분석 개체수	1개체		
	서열차이	0%		

생 태 정 보	식성	부식성: 음식물 쓰레기, 사체 등 유기성 폐기물(유충)
	생활사	1년에 여러 세대. 암컷은 먹이 근처의 나무 틈과 같은 곳에 500개 정도의 알을 한꺼번에 낳는데, 대개 4일만에 부화된다. 유충은 6령까지 있으며 대략 15~20일 걸려 성장한다. 다 자란 유충은 섭식장소를 떠나 건조한 피난처로 가 2주간의 번데기 생활을 거친다. 성충은 먹이활동을 하지 않으며 교미는 비행을 하면서 시작한다. 실내사육에서는 9~11세대 발생하며 매 세대 기간은 약 35~41일 걸린다.

분 포	국내	전국	국외	일본(귀화), 미국, 캐나다, 중남미 일원, 하와이

고 유 성	귀화곤충자원(신열대구 고유종)

자원활용도	환경정화곤충, 사료용곤충

종충확보	분양	○	구매	○	채집		수입	

활용현황	• 축산분뇨 처리용: 미국에서 처음에는 축산분뇨 중에서 돼지 똥을 환경적으로 처리하는 방법으로 이 종의 대량사육을 연구하였다. • 음식폐기물 처리용: 국내에서는 음식물쓰레기 분해자로서 대량생산 및 사육체계를 갖추었다. 분해 산물인 분변토가 비료로 인정되면, 음식물폐기물 분해에 현실적 참여가 가능하다. • 사료용: 애벌레의 사료화 연구를 통해 어류 동물사료, 양계사료, 낚시미끼 등으로 이용을 모색하고 있다.

알자리 찾기

알

유충

인공적인 산란장소(나무홈)

번데기

뿔소똥구리

학 명	*Copris ochus* Motschulsky		
목 명	Coleoptera(딱정벌레목)	과 명	Scarabaeidae(소똥구리과)
국 명	뿔소똥구리	별 칭	

성 충 형 태	몸길이 20~30㎜. 몸은 흑색인데 공처럼 매우 두껍고 굵으며 몸집이 큰 종이다. 수컷은 머리에 상아 모양의 큰 뿔이 있고, 앞가슴등판의 앞쪽은 깊고 둥글게 파였으며, 파인 위쪽에는 4개의 삼각형 돌기가 앞쪽으로 돌출했다. 암컷의 이마방패에는 단순한 융기선만 있고, 앞가슴등판도 훨씬 단순하다. 소순판은 보이지 않고, 가운데다리의 밑마디 사이가 넓게 분리되었다. 앞다리 종아리마디 바깥쪽의 이빨모양 돌기는 3개이며, 뒷다리 종아리마디의 며느리발톱은 1개, 미절판은 노출되었다.

DNA 바코드 염기서열 정보	대표 개체 코드	7736	염기 서열 큐알코드	
	분석 개체수	2개체		
	서열차이	0~1.71%		

생 태 정 보	식성	분식성: 소와 말의 똥
	생활사	소똥을 소세지 모양으로 잘라서 땅속으로 가져와 둥글게 경단과 같이 만들어 알을 낳는다. 산란된 알은 유백색으로 타원형이고 7~10일이 지나면 진황색으로 변한다. 알의 크기는 장축이 6~7㎜ 정도이다. 부화한 유충은 소똥을 먹으며 1~3령까지 지낸다. 유충의 입에서 먹물과 같은 물질을 분비하는데 이는 부서진 부분을 막는 역할과 함께 항균성물질이 있어 곰팡이나 세균의 침입도 막아준다.

분 포	국내	전국	국외	일본, 중국(중부, 북부), 몽고
고 유 성	토종곤충자원(동북아 고유종)			
자원활용도	환경정화곤충			

종충확보	분양		구매		채집	○	수입	

활용현황	• 방목장 정화용: 중대형 소똥구리로 소 방목장의 분해자이며 환경정화용으로 가치가 크다. 이용을 위한 사육 연구 자료가 풍부하다.

알

경단속 알

유충

똥소세지를 끌고간 길

수컷

암컷

03 왕소똥구리

학 명	*Scarabaeus typhon* (Fischer-Waldheim)				
목 명	Coleoptera(딱정벌레목)		과 명	Scarabaeidae(소똥구리과)	
국 명	왕소똥구리		별 칭		
성 충 형 태	몸길이 20~33㎜. 흑색으로 매우 크고 둥글 넙적하며, 이마방패는 매우 넓고 앞쪽은 6개의 큰 톱날 모양을 이룬다. 소순판은 보이지 않고, 가운데다리의 밑마디 사이가 넓게 분리되었다. 앞다리 종아리 마디의 바깥쪽 이빨돌기는 4개이며, 발목마디는 없다. 뒷다리 종아리마디의 며느리발톱은 1개이다. 미절판은 딱지날개 밖으로 노출되었다.				

DNA 바코드 염기서열 정보	대표 개체 코드	9360	염기 서열 큐알코드	
	분석 개체수	4개체		
	서열차이	0~3.7%		

생 태 정 보	식성	분식성: 소, 말똥 등
	생활사	소와 말 등 가축의 똥을 3~3.5㎝ 크기의 경단으로 만들어 굴려서 땅 속에 묻는다. 이 경단은 산란용으로 그 속에 알을 낳는다. 경단 속에서 유충이 부화되어 똥을 먹고 자란다. 주로 6~8월에 번식하는데, 암컷은 한 배에 한 개씩 일생에 약 6개 정도를 낳는 것으로 알려져 있다. 해안 모래언덕과 습지 등에 서식하며, 땅속에서 성충으로 월동을 한다.

분 포	국내	전국	국외	중, 북부 아시아, 남부 유럽	
고 유 성	토종곤충자원(유라시아 고유종)				
자원활용도	환경정화곤충, 정서애완학습곤충				
종충확보	분양		구매		채집	○	수입	

활용현황	• 방목장 정화용 및 정서곤충: 대형 초식동물의 분해자이면서 똥을 굴리는 특성이 경관생태학적 가치를 갖는다. 신두리 사구 등 1~2곳에서만 출현기록이 있는 절멸가능성이 있는 종으로 복원을 통한 생태관광도 필요하다.

04 렌지소똥풍뎅이

학 명	*Onthophagus lenzii* Harold		
목 명	Coleoptera(딱정벌레목)	과 명	Scarabaeidae(소똥구리과)
국 명	렌지소똥풍뎅이	별 칭	

성충형태	몸길이 6~12mm. 광택있는 흑색 종이다. 머리에는 2개의 가로 융기가 있고, 수컷의 앞가슴등판은 후각 근처가 높아졌고, 그 돌출부가 옆구리와 평행하는 능선을 이루어 등판이 매우 넓고 앞쪽에서 각을 이룬다. 암컷은 앞쪽이 각을 이루지는 않으나 몸은 두껍고 등판도 넓다. 소순판은 보이지 않고, 가운데다리의 밑마디 사이가 넓게 분리되었다. 뒷다리 종아리마디의 며느리발톱은 1개이며, 미절판은 노출되었다.

DNA 바코드 염기서열 정보	대표 개체 코드	9643	염기 서열 큐알코드	
	분석 개체수	1개체		
	서열차이	0%		

생태정보	식성	분식성: 소똥 등 대형동물의 똥
	생활사	1년 1세대. 5월 말~8월 말까지 성충시기로 암컷은 소똥 바로 밑에서 난형 경단을 만들며 각각 한 개씩 알을 낳는다. 유충은 약 1개월 만에 성장하여 번데기를 거쳐서 8월 말~9월 말에 새로운 성충이 나온다. 이 상태로 땅속으로 들어가 월동한다. 국내에서 가장 풍부한 종이다.

분 포	국내	전국	국외	일본, 대만, 중국(중부, 북부)

고 유 성	토종곤충자원(동북아 고유종)						
자원활용도	환경정화곤충						
종충확보	분양		구매		채집	○	수입	

활용현황	• 방목장 정화용: 소똥풍뎅이 중에서는 가장 개체수가 풍부한 종으로 소와 말 방목장의 분해자로서 그 가치가 크다.

큰점박이똥풍뎅이

학 명	*Aphodius elegans* Allibert		
목 명	Coleoptera(딱정벌레목)	과 명	Aphodidae(똥풍뎅이과)
국 명	큰점박이똥풍뎅이	별 칭	두점박이소똥풍뎅이
성 충 형 태	몸길이 11~15㎜. 몸은 광택이 강한 흑색이나 딱지날개는 밝은 황색이며 가운데 1쌍의 흑색 둥근 무늬가 있다. 소순판은 크게 발달하였고, 가운데다리의 밑마디 사이는 서로 가깝다. 뒷다리 종아리 마디의 며느리발톱은 2개이며, 끝이 뾰족하다. 더듬이는 9마디이다. 큰턱과 윗입술은 막질이며, 이마 방패로 덮였다. 뒷다리 제1발목마디의 길이는 다음 3마디를 합한 것보다 길다.		

D N A 바 코 드 염기서열 정 보	대표 개체 코드	14701	염기 서열 큐알코드	
	분석 개체수	1개체		
	서열차이	0%		

생 태 정 보	식성	분식성: 소똥
	생활사	성충은 5월 중순~6월 중순에 출현하는데, 한여름에는 땅속에서 머물고, 보통 9월 말 ~11월에 번식한다. 직경 1㎝내외의 작은 경단을 만들며, 경단마다 하나씩 알을 낳는다. 부화한 유충은 3령까지 성장한 후, 월동에 들어갔다가 이듬해 4월부터 다시 자라기 시작한다. 알에서부터 성충까지 200일 정도의 시간이 소요된다.

분 포	국내	전국	국외	일본, 대만, 중국, 인도차이나
고 유 성	토종곤충자원(아시아 고유종)			
자원활용도	환경정화곤충			

종충확보	분양		구매		채집	○	수입	

활용현황	• 방목장 정화용: 똥풍뎅이 중에서는 가장 큰 종으로 소 방목장의 분해자로서 그 가치가 크다.

06 집파리

학 명	*Musca domestica* (Linnaeus)		
목 명	Diptera(파리목)	과 명	Muscidae(집파리과)
국 명	집파리	별 칭	
성충형태	몸길이 5~8mm 정도. 겹눈은 붉고, 가슴의 등판은 회색 또는 광택이 있는 검정색이나 등면에 4개의 세로줄이 나 있다. 모든 몸은 센털 같은 것으로 덮여있다. 암컷이 수컷보다 약간 크고 두 겹눈 사이가 넓다. 다리는 검정색이다. 각 다리의 발목마디는 종아리마디에 비해 길다.		

DNA 바코드 염기서열 정보	대표 개체 코드	15258	염기서열 큐알코드
	분석 개체수	4개체	
	서열차이	0~0.78%	

생태정보	식성	부식성: 동물질 및 식물질, 똥 등 유기성 물질
	생활사	1년에 수차례 발생. 월동은 성충으로 해서 이른 봄에 암컷이 산란한다. 알은 1mm 정도로 장타원형이며 유백색을 띤다. 산란후 12시간 정도면 부화한다. 유충은 3령까지 10~12mm 정도로 자란다. 번데기는 타원형으로 색깔은 시간이 갈수록 적갈색에서 암자색으로 바뀐다. 4~5일정도면 성충이 우화한다. 성충은 30일 이상 생존하며 알은 우화 4일후 부터 낳기 시작하고 한번에 50~150개 정도를 낳는다.

분 포	국내	전국	국외	전 세계

고 유 성	토종곤충자원(범세계 분포종)			

자원활용도	환경정화곤충					

종충확보	분양		구매		채집	○	수입	

활용현황	• 축산분뇨 처리용: 유충이 가축 분을 변환시키면 수분이 70~80%에서 40%대로 떨어지고 악취가 없는 퇴비형태로 되는 것으로 연구되었다. 러시아에서 닭똥으로 집파리를 사육하고, 집파리의 번데기는 사료로, 배설분해물은 토양개량제로 실용화 연구가 된 바 있다.

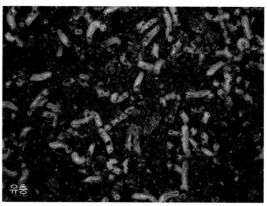
유충

2-7

교육과 놀이를 함께 해주는 곤충

노란실잠자리

학 명	*Ceriagrion melanurum* Selys		
목 명	Odonata(잠자리목)	과 명	Coenagrionidae(실잠자리과)
국 명	노란실잠자리	별 칭	
성충형태	몸길이 38㎜ 정도. 성숙한 수컷은 머리와 가슴이 황록색이고 겹눈은 녹색이며 배는 노란색인데, 배 끝에는 검은 무늬가 있다. 암컷은 온몸이 연녹색이며, 배의 등면에는 검은 무늬가 나타나지 않는다.		

DNA 바코드 염기서열 정보	대표 개체 코드	8162	염기 서열 큐알코드	
	분석 개체수	1개체		
	서열차이	0%		

생태정보	식성	포식성: 곤충류
	생활사	1년 1회 발생. 성충은 6월부터 10월까지 출현하며, 평야의 소택지나 웅덩이, 수로 등에 산다. 미성숙 개체는 약 20일후에 성적으로 성숙하고, 수컷은 교미 후 암컷과 연결한 채로 몸을 일으켜 세운 자세로 산란 경호를 한다. 유충으로 월동한다.

분 포	국내	전국	국외	일본, 중국(중부, 남부)
고 유 성	토종곤충자원(동북아 고유종)			
자원활용도	정서애완학습곤충			

종충확보	분양		구매		채집	○	수입	

활용현황	• 곤충생태원용: 물이 자작자작한 연못에서 발생되며, 실잠자리중에서도 몸이 큰 편으로, 정원이나 생태원에서 관찰 및 관람용으로 쓰임새가 큰 종이다.

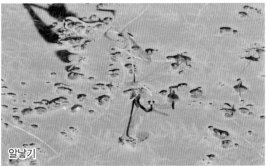

알낳기

02 꼬마잠자리

학 명	*Nannophya pygmaea* Ramber		
목 명	Odonata(잠자리목)	과 명	Libellulidae(잠자리과)
국 명	꼬마잠자리	별 칭	

| 성 충 형 태 | 몸길이 16~30㎜ 정도. 미성숙한 수컷은 몸 전체가 등황색을 띠며 복부의 각 마디에는 미색의 띠가 있다. 가슴의 가로줄무늬는 흑색이다. 성숙한 수컷은 머리와 몸이 등황색에서 적색으로 변한다. 암컷의 머리는 황색에 흑색무늬가 있고 겹눈은 윗쪽 흑갈색, 아랫쪽 연두색을 띤다. 가슴은 황색이며 흑색의 가로줄무늬가 있다. 배는 갈색이며 각 마디 부근에 황색의 무늬가 있다. 날개 기부는 넓게 갈색을 띠는데, 성숙한 수컷은 적갈색을 띤다. 다리는 흑색이다. | | |

DNA 바코드 염기서열 정보	대표 개체 코드	EU048766(NCBI)	염기 서열 큐알코드
	분석 개체수	0	
	서열차이	0%	

생 태 정 보	식성	포식성: 주로 곤충류
	생활사	1년 1회 발생. 성충은 5월 하순부터 10월 초순까지 출현하며, 샘이 나는 습지나 산지 습원에 서식한다. 장거리 이동을 하여 2차적인 습지(산간의 휴경지)에서 일시적으로 다량발생했다가, 조건이 나빠지면 다시 다른 장소로 옮기는 경향이 있다. 우화 후 약 15~20일이 지나면 성숙해지고, 교미 후 암컷은 혼자 수면 위를 비행하며, 배끝을 물에 쳐서 산란한다.

분 포	국내	중부, 남부	국외	일본, 대만, 중국(중부, 남부), 인도차이나 반도

고 유 성	토종곤충자원(아시아 고유종)						
자원활용도	정서애완학습곤충						
종충확보	분양		구매		채집	○	수입	

활용현황	• 곤충생태원용: 물이 깊지 않은 휴경논 같은 곳에서 발생하는 종으로 성충이 되어도 조성된 서식지 주변에서만 활동하므로, 서식처외 보존측면에서 생태 관광으로 적합한 종이다. 「야생생물 보호 및 관리에 관한 법률」에 따라 야생동식물 II급 종으로 지정, 보호되는 종이므로 허가없이 사육할 수 없으니 유의해야 한다.

왕잠자리

학 명	*Anax parthenope julius* Brauer		
목 명	Odonata(잠자리목)	과 명	Aeshnidae(왕잠자리과)
국 명	왕잠자리	별 칭	

성충형태	몸길이 70~75㎜ 정도. 수컷의 머리는 황록색이고 겹눈은 녹색이다. 가슴은 연녹색에 흑색의 줄무늬가 가늘게 있다. 배는 1~3마디가 청색(수컷) 또는 녹색(암컷)이며 나머지 마디는 흑갈색이면서, 각 마디에 황록색의 사각형 무늬가 있다. 암컷은 수컷과 동일하다. 날개는 투명한데, 수컷은 넓게 갈색 부분을 갖는다.

DNA 바코드 염기서열 정보	대표 개체 코드	8951	염기 서열 큐알코드	
	분석 개체수	2개체		
	서열차이	0~0.3%		

생태정보	식성	포식성: 곤충류
	생활사	왕잠자리류 중 비교적 흔한 종으로, 성충은 5월부터 출현한다. 주로 호수나 연못 주변에 서식한다. 교미는 암수가 연결 비행하면서 이루어지고, 교미 후 암컷은 혼자 비행하거나 연결비행하며, 수생식물 줄기에 산란관을 박고 산란한다.

분포	국내	전국	국외	일본, 대만, 중국

고유성	토종곤충자원(동북아 고유종)

자원활용도	정서애완학습곤충

종충확보	분양		구매	○	채집	○	수입	

활용현황	• 생태전시용: 최근 잠자리 사육을 원하는 층이 늘고 있다. 그 중 대표적인 것이 왕잠자리이다. 또한 생태전시관에서는 어김없이 이들이 전시되어 있다. 유충이 간헐적으로 판매되고 있다. 왕잠자리와 먹줄왕잠자리는 유충단계에서 잘 구별되지 않으므로 대개 함께 이용된다. 하지만, 이들의 대량사육법이나 실내사육장치가 체계적으로 개발되어 있지는 않다.

알낳기

유충

수컷

04 좀사마귀

학 명	*Statilia maculata* (Thunberg)		
목 명	Dictyoptera(바퀴목)	과 명	Mantidae(사마귀과)
국 명	좀사마귀	별 칭	

성충형태	몸길이 40~55㎜. 몸은 회갈색 또는 암갈색이고, 흑갈색의 점무늬가 산재한다. 머리의 폭이 넓어 가로로 길며, 몸은 전체적으로 가는 편이다. 앞가슴복판과 앞다리의 넓적다리 안쪽으로 검은 무늬가 있다. 녹생형은 드물다.

DNA 바코드 염기서열 정보	대표 개체 코드	9248	염기 서열 큐알코드	
	분석 개체수	5개체		
	서열차이	0~0.78%		

생태정보	식성	포식성: 곤충류
	생활사	1년 1세대. 성충은 8~11월에 출현한다. 들판이나 산자락의 관목들 사이에서 발견되며, 여러 종류의 곤충을 잡아먹고 산다. 위협을 받으면 공격적인 경고의 동작을 취한다. 알 집은 가늘고 길며, 그 상태로 겨울을 난다.

분 포	국내	전국	국외	일본, 중국

고 유 성	토종곤충자원(동북아 고유종)

자원활용도	정서애완학습곤충

종충확보	분양		구매	○	채집	○	수입	

활용현황	• 생태전시용: 사마귀 중에서 몸이 작은 편에 속하는 종으로 곤충체험전과 같은 전시 이벤트에서 흔히 볼 수 있는 종이다. 아직 대량사육법이 정립되어 있지 않았으나, 인터넷을 통하여 거래가 간헐적으로 이루어진다.

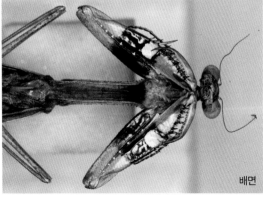

배면

2-7. 교육과 놀이를 함께 해주는 곤충 **135**

넓적배사마귀

학 명	*Hierodula patellifera* (Serville)		
목 명	Dictyoptera(바퀴목)	과 명	Mantidae(사마귀과)
국 명	넓적배사마귀	별 칭	
성 충 형 태	몸길이 45~65㎜(수컷), 55~75㎜(암컷). 몸이 넓적하고 통통한 편이다. 주로 녹색형으로 앞다리 기절에 뚜렷한 황백색의 돌기가 몇 개 있다. 앞날개 가장자리에 흰색 점무늬가 있다.		

D N A 바 코 드 염기서열 정 보	대표 개체 코드	15045	염기 서열 큐알코드	
	분석 개체수	2개체		
	서열차이	0~0.48%		

생 태 정 보	식성	포식성: 곤충류
	생활사	1년 1회 발생. 주로 산지 주변, 공원의 가로수에서 발견되며 나무 위에서 생활을 한다. 성충은 8~10월에 나오며 밤에 활동이 활발하다. 알집은 크고 볼록하다. 유충은 주로 배를 위로 젖히고 다니는 특징이 있다.

분 포	국내	중부, 남부	국외	일본, 중국, 대만

고 유 성	토종곤충자원(동북아 고유종)

자원활용도	정서애완학습곤충

종충확보	분양		구매	○	채집	○	수입	

활용현황	• 생태전시용: 보통의 사마귀들보다 몸이 짧고 넓적한 생김을 한 특이한 사마귀 종류로, 성격이 온순하여 덜 공격적이며 사육이 쉬워 이용가치가 있다.

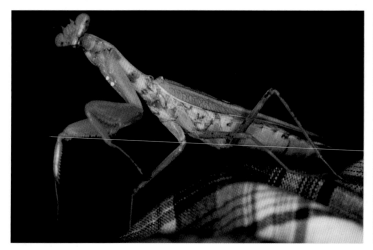

등면

배면

06 큰집게벌레

학 명	*Labidura riparia japonica* (De Haan)		
목 명	Dermaptera(집게벌레목)	과 명	Labiduridae(큰집게벌레과)
국 명	큰집게벌레	별 칭	
성충 형태	몸길이 24~30mm 정도. 몸은 전체적으로 적갈색 또는 암갈색인 종으로 딱지날개에는 적색의 띠무늬가 있다. 긴 더듬이와 다리는 황색이다. 수컷의 배는 뒤쪽으로 갈수록 굵어지고 집게는 좌우가 벌어져 있으며 작은 돌기가 가운데 하나 있다. 암컷의 집게는 가늘고 길며 안쪽으로 돌기가 줄지어 나 있다.		

DNA 바코드 염기서열 정보	대표 개체 코드	8786	염기 서열 큐알코드	
	분석 개체수	2개체		
	서열차이	0~0.15%		

생태 정보	식성	포식성 및 부식성: 곤충류, 사체
	생활사	1년 1세대 이상. 바닷가, 강가나 호수, 연못과 같이 지표가 모래로 이루어진 지역에서 주로 발견된다. 이들은 모래에 굴을 파고 수십 개의 알을 산란하며 알을 돌보는 습성을 갖고 있다. 주로 야행성이다.

분 포	국내	전국	국외	일본, 중국 등 세계각지
고유성	토종곤충자원(범세계 분포종)			
자원활용도	정서애완학습곤충			

종충확보	분양		구매		채집	○	수입	

활용현황	• 생태전시용: 이 종은 알과 어린 약충을 보호하는 모성애가 있는 곤충이다. 대량사육기술은 개발되어 있지 않으나, 모래해안에서는 대량발생하는 종으로 교육용 전시키트 제작에 적합한 종이다.

수컷

수컷

암컷

방울벌레

학 명	*Meloimorpha japonica* (De Haan)		
목 명	Orthoptera(메뚜기목)	과 명	Gryllidae(귀뚜라미과)
국 명	방울벌레	별 칭	
성충형태	몸길이 약 17~25㎜. 전체적으로 검은색인데 더듬이와 미모는 흰색이다. 수컷의 앞날개는 폭이 넓은 발음기관으로 이루어졌고 배를 넓게 덮는다. 암컷은 앞날개의 폭이 좁고 가늘며 바늘모양의 산란관을 가졌다.		

DNA 바코드 염기서열 정보	대표 개체 코드	15110	염기 서열 큐알코드
	분석 개체수	5개체	
	서열차이	0~0.16%	

생태정보	식성	잡식성: 식물질, 동물질
	생활사	1년 1세대 발생. 성충은 8~10월 경에 출현한다. 숲사이의 풀밭, 가시덤불 아래에 서식한다. 단일조건으로 실내사육하면, 유충(약충) 기간이 44~47일이고, 산란수도 평균 38개로 나타났다. 성충으로 우화하고 5~10일이 지나야 수컷은 규칙적이고, 고음의 아름다운 노래 소리를 낸다.

분 포	국내	전국	국외	일본, 대만
고 유 성	토종곤충자원(동북아 고유종)			
자원활용도	정서애완학습곤충			

종충확보	분양	○	구매		채집	○	수입	

활용현황	• 학습애완용: 일본에서는 전통적으로 이 종의 울음소리를 즐기고 기르는 문화가 이어져 왔다. 귀뚜라미 무리에서 고음의 청량한 울음소리를 즐길 수 있는 대표적인 곤충이다. 대량생산이 가능하도록 사육법이 체계화되어 있고 국가 곤충유전자원으로 등록되어 매년 계대사육, 관리되고 있다.

수컷

알

유충

왕귀뚜라미

학 명	*Teleogryllus emma* (Ohmachi et Matsuura)		
목 명	Orthoptera(메뚜기목)	과 명	Gryllidae(귀뚜라미과)
국 명	왕귀뚜라미	별 칭	

성 충 형 태	몸길이 20~40㎜. 귀뚜라미 중에서는 비교적 큰 편이다. 몸 색깔은 갈색 또는 흑갈색이고 광택이 있다. 머리는 크고 검으며, 더듬이 위에서 겹눈 위로 흰색 띠무늬를 가져서 눈썹처럼 보인다. 앞가슴은 머리보다 조금 좁고, 옆가장자리는 뒤로 갈수록 조금 좁아진다. 앞날개는 옅은색 무늬가 있고, 성숙한 수컷의 날개는 배끝을 조금 넘어선다. 암컷의 산란관은 대단히 길며 조금 굽어 있다. 아름다운 울음소리를 낸다.

DNA 바코드 염기서열 정보	대표 개체 코드	15203	염기 서열 큐알코드	
	분석 개체수	23개체		
	서열차이	0~2.15%		

생 태 정 보	식성	잡식성: 곡물, 야채, 동물성 사료, 농업 부산물 등
	생활사	1년 1회 발생. 알-유충(약충)-성충으로 성장한다. 습기가 있는 흙에 산란을 하고, 알 상태로 땅속에서 7개월간 보내고 봄이 되면 부화된다. 수컷의 울음소리는 조용하면서 아름답다. 사육실(25℃)에서 암컷은 최대 737.3개의 알을 낳고, 약충은 온도에 따라서 49~65일 걸린다. 산란된 지 8일째 되는 알을 저온처리(10℃에서 40~180일간 저장)하면서 이용하면 연중사육이 가능하다.

분 포	국내	전국	국외	일본

고 유 성	토종곤충자원(동북아 고유종)

자원활용도	정서애완학습곤충, 사료용곤충, 식약용곤충

종충확보	분양	○	구매	○	채집	○	수입	

활용현황	국내 귀뚜라미 중에서 대량생산 연구가 가장 많이 이루어진 종이다.

- 애완학습용: 예부터 귀뚜라미 소리는 사람의 심중을 잘 위로해주는 곤충으로 유명하다. 최근 노인층을 대상으로 귀뚜라미 사육키트를 이용한 귀뚜라미 돌보기 프로그램을 통해 우울증 개선과 자존감 회복 효과가 나타났다. 따라서 단순 애완용보다는 심리치유용 키트 또한 개발될 필요가 있다.
- 사료용: 밀웜처럼 애완동물의 먹이용으로 또한 양식어 사료 등으로 개발을 위하여 연구 중이다.
- 식용: 최근 한시적 식품원료 등록을 위하여 연구가 진행 중에 있다.

암컷

수컷

유충(약충)

방아깨비

학 명	*Acrida cinerea* (Thunberg)		
목 명	Orthoptera(메뚜기목)	과 명	Acrididae(메뚜기과)
국 명	방아깨비	별 칭	
성 충 형 태	몸길이 42~55㎜(수컷), 68~86㎜(암컷). 암컷이 수컷에 비해 상당히 크다. 녹색형과 갈색형이 주를 이룬다. 머리는 앞쪽으로 길게 돌출하여 끝이 뾰쪽한 원뿔형으로 머리꼭대기에 타원형의 겹눈과 짧고 납작한 더듬이가 1쌍 있다. 앞날개의 끝도 뾰쪽하다. 수컷이 날 때에 앞날개와 뒷날개를 서로 마찰하여 '타타타' 하는 소리를 내므로 따닥깨비(딱다기)라고 부르기도 한다.		

DNA 바코드 염기서열 정보	대표 개체 코드	8774	염기 서열 큐알코드	
	분석 개체수	6개체		
	서열차이	0~0.67%		

생 태 정 보	식성	식식성: 주로 벼과 식물
	생활사	1년 1회 발생. 논, 밭, 하천변의 벼과 식물이 많은 풀밭에 주로 산다. 4월 초부터 6월까지 성장을 하며 성충은 7~11월에 나타난다. 암컷은 단단하게 다져진 땅을 파고 산란한다.

분 포	국내	전국	국외	일본, 중국

고 유 성	토종곤충자원(동북아 고유종)

자원활용도	정서애완학습곤충

종충확보	분양		구매		채집	○	수입	

활용현황	• 생태전시용: 전래동요 "방가비노래" 등과 같이 직접 방아깨비 뒷다리를 잡고 놀이에 이용하던 곤충이다. 대량사육기술은 개발되어 있지 않으나, 현재도 채집을 통하여 곤충전시관에서 전시용 키트로 제작 운영하는 곳이 많은 편이다.

녹색형

갈색형

10 큰실베짱이

학 명	*Elimaea fallax* Bey-Bienko		
목 명	Orthoptera(메뚜기목)	과 명	Tettigoniidae(여치과)
국 명	큰실베짱이	별 칭	

성 충 형 태	몸길이 34~50㎜. 몸은 녹색 또는 황록색이며, 더듬이는 흑갈색인데 일정한 간격으로 황백색 고리 무늬가 있다. 앞날개는 작은 검정색 점이 시맥 사이의 방을 메우고 있으며, 접합부는 갈색이다. 뒷날 개는 앞날개보다 길게 뒤로 뻗어있다. 앞다리의 기부가 안장다리처럼 휘었다.

D N A 바 코 드 염기서열 정 보	대표 개체 코드	6170	염기 서열 큐알코드	
	분석 개체수	6개체		
	서열차이	0~0.31%		

생 태 정 보	식성	식식성: 잎, 꽃잎, 꽃가루 등
	생활사	1년 1회 발생. 성충은 9~10월에 출현하고, 덤불 속이나 숲가장자리 초원지대에 서식한 다. 암컷은 식물의 조직 속에 산란하고, 알 상태로 월동한다.

분 포	국내	중부, 남부	국외	러시아 극동지역

고 유 성	토종곤충자원(거의 한반도 고유종)

자원활용도	정서애완학습곤충

종충확보	분양		구매	○	채집	○	수입	

활용현황	• 생태전시용: 가을풀벌레 체험전과 같은 전시 이벤트에서 흔히 볼 수 있는 종이다. 아직 대량사육 법이 정립되어 있지 않다. 주로 전문 수집가들에 의하여 채집, 판매를 통하여 이용되고 있다.

실베짱이

학 명	*Phaneroptera falcata* (Poda)		
목 명	Orthoptera(메뚜기목)	과 명	Tettigoniidae(여치과)
국 명	실베짱이	별 칭	
성 충 형 태	몸길이 29~37㎜, 몸과 다리는 모두 연한 초록색인데 어두운 점들이 전신에 찍혀져 있다. 더듬이는 연한 빛깔을 띤다. 뒷날개는 앞날개보다 길게 돌출되어 있으며, 돌출된 부분은 녹색이다.		

DNA 바코드 염기서열 정보	대표 개체 코드	15150	염기 서열 큐알코드	
	분석 개체수	1개체		
	서열차이	0%		

생 태 정 보	식성	식식성: 꽃잎과 꽃가루 등
	생활사	1년 1~2회 발생. 어른벌레는 7월부터 11월 사이에 출현한다. 평지의 저수지, 경작지 주변 등 풀밭에 많으며, 암컷은 나무껍질 속이나 나뭇잎 조직 속에 산란한다.

분 포	국내	전국	국외	일본, 대만, 중국, 러시아, 구북구

고 유 성	토종곤충자원(유라시아 고유종)

자원활용도	정서애완학습곤충

종충확보	분양		구매		채집	○	수입	

활용현황	• 생태전시용: 가을풀벌레 체험전과 같은 전시 이벤트에서 흔히 볼 수 있는 종이다. 아직 대량사육법이 정립되어 있지 않다. 주로 전문 수집가들에 의하여 채집, 판매를 통하여 이용되고 있다.

수컷

암컷

검은다리실베짱이

학 명	*Phaneroptera nigroantennata* Brunner von Wattenwyl		
목 명	Orthoptera(메뚜기목)	과 명	Tettigoniidae(여치과)
국 명	검은다리실베짱이	별 칭	

성충형태	몸길이는 29∼36㎜. 몸은 녹색인데, 어두운 점들이 전신에 찍혀 있다. 더듬이는 검은색인데 규칙적으로 흰색 고리무늬가 배열되어 있다. 뒷다리 넓적다리와 종아리마디가 검다. 겹눈은 강하게 돌출하였다.

DNA 바코드 염기서열 정보	대표 개체 코드	15215	염기서열 큐알코드	
	분석 개체수	10개체		
	서열차이	0∼0.62%		

생태정보	식성	식식성: 잎, 꽃잎과 꽃가루
	생활사	1년 2회 발생. 어른벌레는 6월부터 11월에 걸쳐 출현한다. 산지 가장자리 덤불이나 관목에서 흔히 볼 수 있다. 주로 낮에 활발하게 활동하며 알로 월동한다.

분 포	국내	중부, 남부	국외	일본, 대만, 중국

고 유 성	토종곤충자원(동북아 고유종)

자원활용도	정서애완학습곤충

종충확보	분양		구매		채집	○	수입	

활용현황	• 생태전시용: 가을풀벌레 체험전과 같은 전시 이벤트에서 흔히 볼 수 있는 종이다. 아직 대량사육법이 정립되어 있지 않다. 주로 직접 채집을 통해서 이용되고 있는 실정이다.

유충

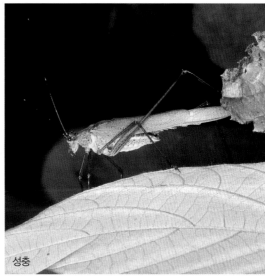

성충

중베짱이

학 명	*Tettigonia ussuriana* Uvarov		
목 명	Orthoptera(메뚜기목)	과 명	Tettigoniidae(여치과)
국 명	중베짱이	별 칭	

성 충 형 태	몸길이 35~43㎜. 전체가 녹색이지만 성숙하면 차츰 연한 갈색으로 변하는 개체도 있다. 앞가슴등판이 뒤쪽으로 약간 솟아있고 점각이 많다. 앞날개는 뒷다리 넓적다리마디의 무릎부분까지만 오며, 폭이 넓다.

DNA 바 코 드 염기서열 정 보	대표 개체 코드	15046	염기 서열 큐알코드	
	분석 개체수	28개체		
	서열차이	0~4.86%		

생 태 정 보	식성	잡식성: 식물질과 곤충류
	생활사	1년 1회 발생. 알로 월동하고, 어른벌레는 7월부터 9월 사이에 출현하여, 주로 고지대의 풀밭과 나무 위에 서식한다. 수컷은 밤에 나무 위나 관목에서 지속적으로 운다. 성충이 될 수록 포식성 습성이 강화된다.

분 포	국내	전국	국외	일본(쓰시마), 러시아 극동지역

고 유 성	토종곤충자원(동북아 고유종)
자원활용도	정서애완학습곤충

종충확보	분양		구매		채집	○	수입	

활용현황	생태전시용: 연속적으로 우는 습성을 갖고 있어 야간 전시 이벤트용으로 적합한 종이다. 또한 최근 애호가들에 의하여 사육시도가 늘고 있다.

암컷

유충(약충)

14 여치

학 명	*Gampsocleis sedakovii obscura* (Walker)		
목 명	Orthoptera(메뚜기목)	과 명	Tettigoniidae(여치과)
국 명	여치	별 칭	

| 성 충 형 태 | 몸길이 30~37㎜. 몸은 녹색 또는 옅은 갈색이다. 앞날개에 검정색 점들이 찍혀 있으며 날개의 길이는 보통 뒷다리 넓적다리마디를 넘어가지 않는다. 수컷 앞날개의 마찰기구와 날개 접합부는 갈색이다. |||

D N A 바 코 드 염기서열 정 보	대표 개체 코드	HQ609442(NCBI)	염기 서열 큐알코드	
	분석 개체수	0		
	서열차이	0%		

생 태 정 보	식성	잡식성: 다양한 식물의 잎이나 열매, 메뚜기 등의 곤충
	생활사	1년 1회 발생. 해가 잘 드는 산지 가장자리 풀밭이나 덤불에 산다. 성잘할수록 앞다리와 가운데다리에 난 날카로운 가시로 작은 곤충이나 벌레를 잡아먹는 경향이 있다.

분 포	국내	전국	국외	중국, 러시아 극동지역, 몽골

| 고 유 성 | 토종곤충자원(동북아 고유종) ||||

| 자원활용도 | 정서애완학습곤충 ||||

종충확보	분양		구매		채집	○	수입	

| 활용현황 | • 애완학습용 및 전시세트용: 한 때, 여치를 사육하여 애완학습곤충으로 판매해 주목을 끌었지만, 일시적인 것으로 끝나고 말았다. 중국에서는 식용으로 사육 판매되기도 한다. 기록에 의하면 우리와 만주사람들은 여치를 즐겨 길렀다고 한다. 예전에 밀집과 보릿대로 만든 곤충집을 여치집이라고 한 것만 봐도 그렇다. 그렇지만 여치라고 한 것은 단지 지금의 '여치' 단일 종이 아니라 그와 관련 무리들을 총칭했을 가능성이 크다. |

암컷

여치집(우측)

대벌레

학 명	*Ramulus irregulariterdentatus* (Brunner von Wattenwyl)		
목 명	Phasmida(대벌레목)	과 명	Phasmatidae(대벌레과)
국 명	대벌레	별 칭	

성 충 형 태	몸길이 70~100㎜. 몸과 다리는 가늘고 길며 녹색을 띤다. 더듬이가 짧고, 암컷의 머리에는 1쌍의 가시가 나 있다. 날개가 퇴화되어 없다. 앞다리의 기부쪽은 머리를 감쌀 수 있게 휘어져 있다.

D N A 바 코 드 염기서열 정 보	대표 개체 코드	8595	염기 서열 큐알코드
	분석 개체수	6개체	
	서열차이	0~0.65%	

생 태 정 보	식성	식식성: 활엽수 잎
	생활사	1년 1회 발생. 성충은 7~9월까지 나타난다. 암컷은 짝짓기 없이 산란할 수 있다. 외부의 자극을 받으면 몸과 다리를 쭉 뻗어 잔가지 모양을 하며 움직이지 않는 습성이 있다. 사육조건에서 알은 약 100일 정도 지나 부화되며, 유충(약충)은 5~6령까지 55일 정도 걸려 성장한다. 성충의 수명은 50일 정도였다.

분 포	국내	중부, 남부	국외	일본

고 유 성	토종곤충자원(동북아 고유종)

자원활용도	정서애완학습곤충

종충확보	분양		구매	○	채집	○	수입	

활용현황	• 학습애완용: 경기도농업기술원에서 대량 생산에 성공하고, 지역 곤충농가에 분양도 한 바 있다. 대체 먹이인 토끼풀로 대량사육이 가능한 곤충이다. 외국에서 대벌레의 인기는 높으나, 우리 대벌레는 외래종에 비하면 몸이 약한 편이다. 개별 사육키트로 상품화가 가능한 종이다.

짧은 더듬이와 흰 앞다리의 넓적다리 마디

어린 유충(약충)

다 자란 유충(약충)

송장헤엄치게

학 명	*Notonecta triguttata* Motschulsky		
목 명	Hemiptera(노린재목)	과 명	Notonectidae(송장헤엄치게과)
국 명	송장헤엄치게	별 칭	

성충형태	몸길이는 11~13㎜(수컷), 13~14㎜(암컷). 몸은 황갈색 또는 회갈색 바탕에 검은 무늬를 가지며, 짧은 털이 빽빽해서 우단 모양의 광택을 띤다. 몸전체가 원통형으로 길며, 등면이 특히 지붕 모양으로 볼록하게 세로로 돌출하였다. 머리는 가슴보다 좁고 겹눈이 크게 발달하였다. 앞날개는 지붕 모양으로 회합부가 높으며, 중앙부 주위에 황갈색 무늬가 뚜렷하다. 가운데다리의 넓적다리마디 밑부분에 가시돌기가 나 있다. 뒷다리는 길게 발달하였고 종아리와 발목마디에는 긴 털이 빽빽하게 나 있어서 헤엄다리를 형성한다.

DNA 바코드 염기서열 정보	대표 개체 코드	14672	염기 서열 큐알코드
	분석 개체수	1개체	
	서열차이	0%	

생태정보	식성	포식성: 작은 물고기나 올챙이, 다른 곤충류
	생활사	1년 1회 발생. 4~10월까지 작은 물웅덩이나 늪지같은 곳에서 볼 수 있다. 한 곳에서 상당히 많은 개체들이 한꺼번에 발견되곤 하며, 5월 경에는 어린 유충(약충)들이 많이 채집된다. '배가 윗쪽으로 향하도록 누워서 생활하는데, 긴 뒷다리는 노와 같은 역할을 한다. 물위에 떨어진 다른 곤충, 작은 물고기나 올챙이 등의 체액을 빨아 먹는다.

분 포	국내	전국	국외	일본, 중국, 러시아 극동지역

고 유 성	토종곤충자원(동북아 고유종)

자원활용도	정서애완학습곤충

종충확보	분양		구매	○	채집	○	수입	

활용현황	• 실내전시세트: 물속에서 거꾸로 헤엄치므로 송장헤엄을 친다하여 '송장헤엄치게'란 이름을 얻었다. 이같은 특이한 습성은 생태관찰을 위한 전시용으로 적합하다. 대량 사육 연구가 없었으며, 구매 요청이 있을 때 수집가들에 의하여 채집되어 판매된다.

등면

복면

헤엄치기

물둥구리

학 명	*Ilyocoris exclamationis* (Scott)		
목 명	Hemiptera(노린재목)	과 명	Naucoridae(물둥구리과)
국 명	물둥구리	별 칭	

성충형태	몸길이 11~13㎜ 정도. 몸은 타원형으로 편평하고 광택이 있다. 전체적으로 앞쪽은 황록색이 뒷쪽으로는 황갈색이 강하다. 주둥이는 짧고 크며 원뿔형이다. 앞다리의 넓적다리마디는 크며 1마디로 된 발목마디와 종아리마디는 포획용으로 변형되었다. 가운데다리와 뒷다리는 헤엄치기용으로 종아리와 발목마디에 긴 털이 줄지어 있다.

DNA바코드염기서열정보	대표 개체 코드	15372	염기서열큐알코드	
	분석 개체수	1개체		
	서열차이	0%		

생태정보	식성	포식성: 작은 곤충~작은 물고기
	생활사	1년 1회 발생. 성충은 4~10월까지 나타난다. 특히, 산간 저수지와 그 주변 둠벙같이 농약 등에 오염되지 않으면서 가래와 가름 등의 부엽식물이 많은 곳에서 볼 수 있다. 유충(약충)과 갓 우화한 성충은 녹색을 띠지만, 월동 후부터는 황록색을 갖게 된다. 암컷은 공기가 찬 마름 줄기에 5~8월 사이에 산란하는데, 약 20일 전후해서 알이 부화되고 어린 유충(약충)이 나온다. 유충(약충)과 성충은 육식성이 매우 강하다.

분 포	국내	전국	국외	일본, 중국

고 유 성	토종곤충자원(동북아 고유종)

자원활용도	정서애완학습곤충

종충확보	분양		구매	○	채집	○	수입	

활용현황	• 실내사육 세트: 대량사육을 위한 연구가 중단되었던 곤충이다. 수서곤충 중에서는 드물게 녹색의 색감으로 수서곤충 애호가들에게 호감이 높으며 사육에 대한 욕구가 큰 곤충이다.

18 게아재비

학 명	*Ranatra chinensis* Mayr		
목 명	Hemiptera(노린재목)	과 명	Nepidae(장구애비과)
국 명	게아재비	별 칭	

성충형태	몸길이 40~45㎜. 몸이 막대기 모양으로 가늘고 긴 곤충으로 전체적으로 회갈색 내지 연한 황갈색이고, 광택은 강하다. 머리는 매우 작고, 겹눈은 흑색으로 튀어나와 있다. 앞가슴은 머리폭보다 뚜렷이 가늘고 길며 원통형이다. 작은방패판은 거의 마름모꼴이고, 앞날개는 가늘며, 배끝에 달하지 않는다. 몸의 아랫면은 균일하게 오황색이고, 앞가슴등판의 아랫면 중앙에는 흑색 줄이 있다. 앞다리는 포획용으로 변화되었다. 배끝에는 긴 숨관을 갖고 있다.

DNA바코드염기서열정보	대표 개체 코드	15374	염기서열큐알코드	
	분석 개체수	1개체		
	서열차이	0%		

생태정보	식성	포식성: 물속 곤충과 작은 동물들
	생활사	1년 1회 발생. 5월 경 물 밑 수생식물의 부드러운 잎과 줄기, 진흙 속이나 썩은 나무 틈새, 물가의 이끼에 5~10개 정도의 알을 일렬로 낳는다. 알은 7~10일이 지나면 부화하는데, 부화한 유충은 4~6번 허물을 벗고 성충이 된다. 첫 성충은 9~10월경에 출현하는데, 그 상태로 월동을 한다.

분 포	국내	전국	국외	일본, 중국, 대만, 시베리아 동부, 미얀마, 인도

고 유 성	토종곤충자원(아시아 고유종)

자원활용도	정서애완학습곤충

종충확보	분양		구매	○	채집	○	수입	

활용현황	• 실내사육 세트용: 수서곤충 가운데 어린이들이 연못가에서 잡아 갖고 놀았던 곤충이다. 야외 개체군이 비교적 큰 종으로 대량 사육되지 않고, 구매 요청이 있을 때 수집가들에 의하여 채집되어 판매된다.

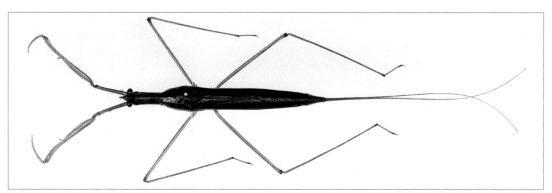

장구애비

학 명	*Laccotrephes japonensis* Scott		
목 명	Hemiptera(노린재목)	과 명	Nepidae(장구애비과)
국 명	장구애비	별 칭	

성충형태	몸길이 30~38㎜ 정도. 꼬리처럼 보이는 숨관이 몸길이 정도로 긴 대형 수서노린재이다. 몸은 납작하면서 좁지만 같은 공간에 사는 게아재비들보다는 넓어 보인다. 전체적으로 갈색 또는 흑갈색을 지닌다. 앞다리는 낫 모양의 포획다리를 이루고 이의 넓적다리마디가 판판하며 기부 아랫면에 가시돌기를 지녔다.

DNA 바코드 염기서열 정보	대표 개체 코드	9683	염기 서열 큐알코드	
	분석 개체수	3개체		
	서열차이	0~0.61%		

생태정보	식성	포식성: 물속 곤충과 올챙이나 작은 물고기
	생활사	1년 1회 발생. 성충은 물속의 진흙에 몸을 숨기고 포복자세로 먹이동물이 다가오길 기다린다. 보통 4월 경 월동에서 깨어나 포획활동을 하며 5월 말 경에 산란 활동에 들어간다. 알은 수변의 습한 흙속에 10개 정도씩 알덩이로 낳는다. 부화후 유충은 5번 탈피를 하면서 약 2개월 정도 걸려 성충이 된다. 11월 경 성충 상태로 월동에 들어간다.

분 포	국내	전국	국외	일본, 중국, 대만, 인도, 자바

고 유 성	토종곤충자원(아시아 고유종)

자원활용도	정서애완학습곤충

종충확보	분양		구매	○	채집	○	수입	

활용현황	• 실내사육 세트용: 앞다리의 움직임이 마치 장구를 치는듯해서 '장구애비'란 이름을 가졌으며, 어린이들이 연못가에서 잡아 갖고 놀았던 곤충이다. 일본에서는 처음 수서곤충을 사육하려는 사람들에게 이 종의 사육을 권하는 경향이 있다. 아직 대량 사육 연구는 없지만, 구매 요청이 있을 때 수집가들에 의하여 채집되어 판매되는 종이다.

유충(약충)

20 물자라

학 명	*Appasus japonicus* Vuillefroy		
목 명	Hemiptera(노린재목)	과 명	Belostomatidae(물장군과)
국 명	물자라	별 칭	알지기
성 충 형 태	몸길이 17~20㎜ 정도. 몸은 황갈색 또는 흐린 갈색이며, 등면은 편평하고 타원형이다. 머리는 폭이 넓은 세모꼴이고 앞으로 돌출하였다. 앞가슴등판은 폭이 넓고 뒤쪽 2/3 부위에 가로홈이 있다. 작은 방패판은 크고 정삼각형이다. 앞날개는 광택이 있고, 혁질부에는 그물눈 모양의 날개맥이 나타난다. 막질부는 좁고 배 끝까지 도달한다. 앞다리는 낫 모양의 포획다리를 형성하고, 발톱이 2개이다. 가운데다리와 뒷다리는 헤엄다리를 형성하며 종아리마디에는 잔털이 한 방향으로 밀생한다. 배 끝에는 짧은 숨관이 있다.		

D N A 바 코 드 염기서열 정 보	대표 개체 코드	9695	염기 서열 큐알코드	
	분석 개체수	4개체		
	서열차이	0~2.02%		

생 태 정 보	식성	포식성: 물벌레, 물속곤충, 작은 물고기나 올챙이 등
	생활사	1년 1회 발생. 암컷은 짝짓기 후에 수컷의 등에 알을 낳아 붙인다. 수컷은 알이 부화할 때까지 짊어지고 다니며 돌보는 습성이 있다. 이같은 산란 및 알 돌보기는 5~6월에 볼 수 있다. 주로 수심이 낮은 곳에서 큰 집단이 발견되는 경우가 많다.

분 포	국내	전국	국외	일본, 중국 동북부

고 유 성	토종곤충자원(동북아 고유종)

자원활용도	정서애완학습곤충

종충확보	분양		구매	○	채집	○	수입	

활용현황	• 실내사육 세트용: 부성본능으로 수컷이 알을 등에 지고 다니므로, 수서곤충 생태 관찰용으로 매우 적합한 곤충이다. 다만, 이같은 행동은 5~6월 산란기에만 이루어지는 한계가 있다. 그래도 생태전시관에서 주로 이용되는 종이며, 아직 대량사육 연구는 없다.

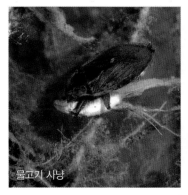
물고기 사냥

알을 짊어진 수컷

광대노린재

학 명	*Poecilocoris lewisi* (Distant)		
목 명	Hemiptera(노린재목)	과 명	Scutelleridae(광대노린재과)
국 명	광대노린재	별 칭	

성충형태	몸길이 17~20㎜. 황록색 바탕에 주황색 줄무늬가 있는 광택형과 청색이나 검은색 바탕에 붉은색 줄무늬가 있는 무광택형 2가지가 있다. 앞가슴등판에 가장자리와 가운데를 가로 지르는 붉은색 줄무늬가 있어 막힌 방이 2개 생긴다. 작은방패판이 늘어나 배와 날개 전체를 덮으며 붉은색 줄무늬가 있다.

DNA 바코드 염기서열 정보	대표 개체 코드	5226	염기 서열 큐알코드
	분석 개체수	2개체	
	서열차이	0%	

생태정보	식성	흡즙성: 산수유, 층층나무, 노린재나무 등 활엽수
	생활사	1년 1회 발생. 5월에 성충으로 우화하여 7월까지 활동한다. 알과 어린 유충은 잘 보이지 않으나, 월동 전에 다 자란 유충들이 쉽게 관찰된다. 겨울철에는 서식하던 곳에서 벗어나 낙엽 밑이나 나무껍질 속에서 약충 상태로 겨울을 난다. 실내사육 때 대체먹이로서 땅콩을 이용한다.

분 포	국내	전국	국외	일본, 대만

고유성	토종곤충자원(동북아 고유종)

자원활용도	정서애완학습곤충

종충확보	분양	○	구매	○	채집	○	수입	

활용현황	• 학습애완용: 국립농업과학원에서 사육에 성공하였고, 국가곤충유전자원으로도 등록된 종이다. 노린재 중에서 생김이 화려하고 특유의 냄새도 약한 편으로 개별 사육키트로 상품이 가능한 종이다.

광대노린재 알

유충(약충)

짝짓기

알락명주잠자리

학 명	*Distoleon nigricans* (Okamoto)		
목 명	Neuroptera(풀잠자리목)	과 명	Myrmeleontidae(명주잠자리과)
국 명	알락명주잠자리	별 칭	
성 충 형 태	해변가의 불빛에 잘 유인된다. 성충은 6~10월에 출현하고, 모기와 같은 작은 곤충을 먹으며, 모래밭에 산란을 한다. 유충은 해안사구 등 모래바닥에 깔대기 모양으로 개미지옥을 만들지 않고 밑에 숨어 지낸다. 매복상태로 작은 곤충이 다가오면 큰 턱을 이용해 먹이를 사냥하거나 배회하기도 한다.		

DNA 바코드 염기서열 정보	대표 개체 코드	15218	염기 서열 큐알코드	
	분석 개체수	2개체		
	서열차이	0~0.17%		

생 태 정 보	식성	포식성: 모래서식 곤충류
	생활사	1년 1회 발생. 성충은 6~10월에 출현하고, 모기와 같은 작은 곤충을 먹으며, 모래밭에 산란을 한다. 유충은 해안사구 등 모래바닥에 깔때기 모양으로 개미지옥을 만들지 않고 밑에 숨어 지낸다. 매복상태로 작은 곤충이 다가오면 큰 턱을 이용해 먹이를 사냥하거나 배회하기도 한다. 해변의 불빛에 잘 유인된다.

분 포	국내	전국	국외	일본
고 유 성	토종곤충자원(동북아 고유종)			
자원활용도	정서애완학습곤충			

종충확보	분양		구매		채집	○	수입	

활용현황	• 생태전시 키트용: 개미귀신으로 불리는 유충은 모래에서 곤충을 사냥하는 모습을 보여주는 전시에 적합하다.

길앞잡이

학 명	*Cicindela chinensis flammifera* De Geer		
목 명	Coleoptera(딱정벌레목)	과 명	Carabidae(딱정벌레과)
국 명	길앞잡이	별 칭	비단길앞잡이
성 충 형 태	몸길이 20㎜ 정도. 몸색깔은 녹색 또는 붉은색 광택을 띤다. 머리는 녹청색이고 윗입술은 엷은 황색이다. 딱지날개는 여러 색의 가로무늬가 있으며, 몸의 아랫면과 다리도 금속성의 광택이 있는 녹청색이다.		

D N A 바 코 드 염기서열 정 보	대표 개체 코드	7415	염기 서열 큐알코드	
	분석 개체수	4개체		
	서열차이	0~0.74%		

생 태 정 보	식성	포식성: 지표성 곤충류 및 기타 소동물
	생활사	애벌레는 땅 속에 수직으로 구멍을 파고 그 속에서 생활하며, 구멍 주변으로 지나가는 곤충류를 잡아먹는다. 어른벌레는 봄부터 가을까지 출현하나 5월에 가장 많이 볼 수 있다.

분 포	국내	전국	국외	일본, 중국

고 유 성	토종곤충자원(동북아 고유종)						
자원활용도	정서애완학습곤충						
종충확보	분양		구매	○	채집	○	수입	

활용현황	• 생태전시용: 독특한 유충의 먹이 사냥법과 성충의 화려한 모습으로 관심이 높은 곤충이다. 사육 조건 등이 한차례 연구되긴 하였으나, 제대로 정립되지 못했다. 최근 채집을 통한 판매 및 개인사육가들의 사육 시도가 빈번히 이루어지고 있다. 이 종 외에도 비슷한 크기를 가진 아이누길앞잡이(*Cicindela gemmata*)뿐 아니라 다양한 종들에 대해 비슷한 수요가 생겨나고 있다.

먹이먹기

멋쟁이딱정벌레

학 명	*Coptolabrus jankowskii jankowskii* Oberthur		
목 명	Coleoptera(딱정벌레목)	과 명	Carabidae(딱정벌레과)
국 명	멋쟁이딱정벌레	별 칭	양코브스키딱정벌레
성 충 형 태	몸길이 25~31㎜ 정도. 몸집은 대형이며 위아래로 납작한 편이다. 머리와 앞가슴등판 및 딱지날개의 가장자리는 적동색이고, 딱지날개는 녹색이 도는 검정색이다. 딱지날개에는 길고 도드라진 혹점이 몸을 따라서 여러 줄로 점점이 나열되어 있다. 앞다리발목마디가 굵으면 수컷이고, 가늘면 암컷이다.		

D N A 바 코 드 염기서열 정 보	대표 개체 코드	5122	염기 서열 큐알코드	
	분석 개체수	2개체		
	서열차이	0~1.5%		

생 태 정 보	식성	포식성과 부식성: 지표성 소동물과 사체
	생활사	1년 1회 발생. 성충은 5~8월에 가장 많이 활동한다. 주로 숲 속에서 낮에는 어두운 곳에 숨어 있다가 밤에 나와서 죽은 곤충이나 지렁이 등을 잡아먹는다. 한여름에서 가을에 산란을 하여 유충상태로 월동에 들어간다.

분 포	국내	전국	국외	중국 동북부, 러시아 극동지역

고 유 성	토종곤충자원(동북아 고유종)						
자원활용도	정서애완학습곤충						
종충확보	분양		구매	○	채집	○	수입	

활용현황	• 생태전시용: 지역집단마다 색 변이가 심하여 한 종임에도 다양한 색감을 주는 종이다. 최근 딱정벌레 마니아들에 의하여 사육 시도가 많은 편이며, 간헐적으로 채집되어 판매되기도 한다. 하지만 대량사육법이 개발되진 못했다.

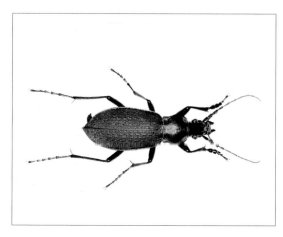

겨울잠에서 깬 성충

폭탄먼지벌레

학 명	*Pheropsophus jessoensis* Morawitz		
목 명	Coleoptera(딱정벌레목)	과 명	Carabidae(딱정벌레과)
국 명	폭탄먼지벌레	별 칭	방구벌레

성 충 형 태	몸길이 11~18mm. 몸은 주로 흑색이고, 머리, 가슴, 다리는 황색이나 정수리의 무늬, 앞가슴등판의 가운데 줄과 앞뒤의 가장자리는 흑색이다. 딱지날개는 황색 바탕에 검은 무늬가 넓게 찍혀있는 형태인데, 검은 무늬의 가운데에는 황색 바탕이 넓게 파고 들어와 있다.

D N A 바 코 드 염기서열 정 보	대표 개체 코드	9633	염기 서열 큐알코드
	분석 개체수	7개체	
	서열차이	0~1.61%	

생 태 정 보	식성	부육성: 죽은 곤충과 절지동물 등 동물질
	생활사	성충은 봄부터 가을까지 출현하나, 7~8월에 가장 활발하게 활동한다. 습기가 많은 지역에 서식하며, 밤에 주로 활동한다. 성충은 위협을 느끼면 항문에서 방귀 소리와 함께 고열의 강산 가스를 뿜는다.

분 포	국내	전국	국외	일본, 중국

고 유 성	토종곤충자원(동북아 고유종)

자원활용도	정서애완학습곤충

종충확보	분양		구매		채집	○	수입	

활용현황	• 생태전시용: 위협을 당하면 방구 뀌듯이 가스를 뿜는 특이한 행동습성으로 다양한 만화, 카툰, TV 프로그램 등에 나왔으며, 자연관찰학습 교보재로서 매우 적합하다. 다만, 그 가스에 피부가 닿으면 약한 화상을 입을 수 있어 주의가 필요하다.

26 물방개 📖

학 명	*Cybister japonicus* Sharp		
목 명	Coleoptera(딱정벌레목)	과 명	Dytiscidae(물방개과)
국 명	물방개	별 칭	

성충형태	몸길이 35~42㎜ 정도. 넓적한 타원형 모양이고 우리나라에 서식하는 물방개 중 가장 크다. 몸은 옅은 녹색 광택을 띠는 흑색으로 몸테두리에 황갈색 띠가 있다. 다리는 황갈색 또는 어두운 갈색이다. 수컷의 등쪽은 매끈매끈하나 암컷은 등쪽 전체에 매우 가늘고 짧은 줄모양의 홈들이 파여 있어서 약간 거칠어 보이며 광택도 약해 보인다.

DNA바코드염기서열정보	대표 개체 코드	7713	염기서열큐알코드	
	분석 개체수	3개체		
	서열차이	0~0.15%		

생태정보	식성	포식성: 물속 곤충과 올챙이나 작은 물고기
	생활사	1년 1회 발생. 성충은 연중 볼 수 있으며 불빛에 모인다. 산란은 봄부터 여름까지 이루어지며, 바나나 모양의 알을 얕은 물속의 풀줄기를 갉아서 한 개씩 낳아 놓는다. 유충기간은 여름에는 대략 45일 정도 소요되고 번데기는 11일이 지나면 우화 된다.

분 포	국내	전국	국외	일본, 대만, 중국, 러시아(시베리아 동부)

고 유 성	토종곤충자원(동북아 고유종)						

자원활용도	정서애완학습곤충, 식약용곤충						

종충확보	분양		구매	○	채집	○	수입	

활용현황	• 실내사육 세트용: 물방개는 10~20년 전만해도 어린이부터 어른까지 전문적인 뽑기 놀이의 곤충이기도 했다. 로봇 팔을 이용한 인형 뽑기의 전신이라고 할 수 있다. 현재, 실내사육장치가 개발되어 있으며, 개인 사육가에 의해서도 사육되어 가정용 사육 또는 전시세트용으로 판매되는 종이다. • 식약용: 전통적으로 물방개를 쌀방개라 하여 맛있다는 의미를 부여하였다. 우리나라와 주변국은 물방개를 민약으로 사용한 기록이 있다. 하지만, 약리효과는 현대적으로 밝혀지지 않았다.

검정물방개

학 명	*Cybister brevis* Aube		
목 명	Coleoptera(딱정벌레목)	과 명	Dytiscidae(물방개과)
국 명	검정물방개	별 칭	

성 충 형 태	몸길이 23~24㎜ 정도. 물방개 중에서 몸이 큰편이나, 전체적으로 광택이 있는 흑색이어서 다른 종류와 쉽게 구별된다. 딱지날개의 끝부분에 한 쌍의 작은 적황색 무늬가 있고 다리와 배는 부분적으로 적갈색 내지 흑갈색이다.

D N A 바 코 드 염기서열 정 보	대표 개체 코드	9592	염기 서열 큐알코드	
	분석 개체수	1개체		
	서열차이	0%		

생 태 정 보	식성	포식성: 물속 곤충과 올챙이~작은 물고기
	생활사	1년 1회 발생. 연못과 같은 고인물 속에서 산다. 성충은 연중 볼 수 있으며 봄과 여름까지 산란하는데, 물속의 풀줄기에 한개씩 알을 낳는다.

분 포	국내	전국	국외	일본, 중국

고 유 성	토종곤충자원(동북아 고유종)

자원활용도	정서애완학습곤충

종충확보	분양		구매	○	채집	○	수입	

활용현황	• 실내사육 세트용: 물방개는 실내사육장치가 개발되어 있으며, 개인 사육가에 의해서도 사육되어 판매되는 종이다. • 식약용: 과거의 기록은 물방개 종류를 모두 뭉뚱그려 취급했으므로 물방개와 같다고 할 수 있으나, 검증 연구가 필요하다.

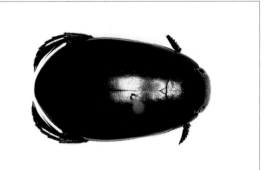

동쪽애물방개

학 명	*Cybister lewisianus* Sharp		
목 명	Coleoptera(딱정벌레목)	과 명	Dytiscidae(물방개과)
국 명	동쪽애물방개	별 칭	
성충형태	몸길이 23~25㎜. 물방개를 닮았지만 몸 크기가 30㎜ 이하로 약간 작고 노란색의 옆가두리 무늬는 날개의 끝부분까지 도달한다. 배는 흑색이나 뒷가슴배판 앞부분과 배 3~5마디의 양쪽 가두리는 오렌지색이 강하여 구별된다.		

DNA 바코드 염기서열 정보	대표 개체 코드	15318	염기 서열 큐알코드	
	분석 개체수	1개체		
	서열차이	0%		

생태정보	식성	포식성: 물속 곤충과 올챙이, 작은 물고기
	생활사	1년 1회 발생. 여름철에는 유충기간이 40일 정도 소요되고, 번데기는 12일이 지나면 성충으로 우화한다. 중부 이남지역의 수초가 많은 둠벙에서 떼로 발견되는 경우가 있다.

분 포	국내	중부, 남부	국외	일본, 중국, 인도네시아

고 유 성	토종곤충자원(아시아 고유종)

자원활용도	정서애완학습곤충

종충확보	분양		구매	○	채집	○	수입	

활용현황	• 실내사육 세트용: 물방개보다 크기는 약간 작지만 활동성이 좋다. 실내사육장치가 개발되어 있으며, 개인 사육가에 의하여 사육, 판매되는 종이다.

물땡땡이

학 명	*Hydrophilus acuminatus* Motschulsky		
목 명	Coleoptera(딱정벌레목)	과 명	Hydrophilidae(물땡땡이과)
국 명	물땡땡이	별 칭	

성 충 형 태	몸길이 33~40mm. 우리나라 물땡땡이과 종들중에서 가장 크며 등면이 매우 볼록하고 타원형이다. 몸은 짙은 흑색으로서 등쪽은 강한 광택이 있으나 배쪽은 없으며, 더듬이는 황갈색이다. 복부 쪽으로 보면, 앞가슴복판은 뾰족한 돌기가 있는데 매우 길어서 배의 첫째 마디까지 간다. 앞가슴등판 양 옆의 앞쪽에는 곰보 모양의 홈들이 경사진 줄처럼 나열되었고, 딱지날개에는 더 작은 점각들이 4개의 줄을 이룬다. 수컷은 앞다리 발목마디에 돌기를 갖고 있다.

DNA 바코드 염기서열 정보	대표 개체 코드	7733	염기 서열 큐알코드	
	분석 개체수	4개체		
	서열차이	0~0.17%		

생 태 정 보	식성	식식성: 물풀(성충), 포식성: 작은 동물들(유충)
	생활사	1년 1회 발생. 성충은 4~11월까지 들판의 웅덩이나 논에서 산다. 애벌레는 여름에 보이며 작은 동물을 잡아먹는다. 암컷은 5월 말~6월 중순 산란주머니 속에 30~50개의 알을 낳는데, 이를 물표면 가까이의 물풀에다 붙여 둔다. 부화된 유충은 알집 밖으로 나와 성장하며 3령기를 거쳐서 흙으로 올라와 번데기가 된다.

분 포	국내	전국	국외	일본, 중국, 티벳

고 유 성	토종곤충자원(동북아 고유종)

자원활용도	정서애완학습곤충

종충확보	분양		구매	○	채집	○	수입	

활용현황	• 실내전시 세트용: 물속에서 물방개와 달리 한번에 '쉭-쉭-' 헤엄치지 못하고, '땅 땅 땅' 거리며 박자 맞추듯이 헤엄을 치므로 '물땡땡이'라 한다. 수초와 어울려 생태관찰을 위한 전시용으로 적합하다. 특히, 산란주머니 형성은 흥미를 더 갖게 한다. 아직 대량 사육 연구가 없었으며, 구매 요청이 있을 때 수집가들에 의하여 채집되어 판매된다.

헤엄치기

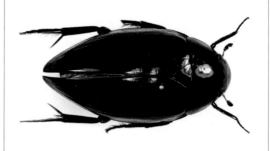

두점박이사슴벌레

학 명	*Prosopocoilus blanchardi* (Parry)		
목 명	Coleoptera(딱정벌레목)	과 명	Lucanidae(사슴벌레과)
국 명	두점박이사슴벌레	별 칭	

성충형태	몸길이는 47~60㎜(수컷), 23~24㎜(암컷). 대부분의 사슴벌레가 흑색이나, 이 종은 전체적으로 황갈색에서 연한 갈색을 갖고 있다. 앞가슴 등판 가운데에서 가는 세로줄, 중앙 양옆의 점무늬, 딱지날개의 회합선과 가장자리의 가는 줄무늬는 흑색을 띤다. 수컷의 큰턱은 매우 길며 가늘고, 약간 아래쪽으로 굽었으며, 바깥쪽은 넓게 둥글다. 큰턱의 안쪽 기부 근처에는 뾰족한 큰 이빨이 있고, 끝부분에는 4개 정도의 날카로운 이빨이 있다.

DNA 바코드 염기서열 정보	대표 개체 코드	103	염기 서열 큐알코드	
	분석 개체수	1개체		
	서열차이	0%		

생태정보	식성	식식성: 썩은 나무(유충)
	생활사	1년 1회 발생. 성충은 6~9월에 나타나, 주로 밤에 활동하여 불빛에 모이기도 하는데 낮에도 종종 볼 수 있다. 참나무와 예덕나무 등의 수액이 흐르는 나무에 모여 핥아 먹으며, 활동성이 좋은 편이다. 참나무나 팽나무 등 죽은 활엽수와 부엽토에 산란을 한다. 유충으로 동면하며 알에서 성충까지는 자연에서 1~2년 정도 걸린다.

분 포	국내	제주도	국외	중국, 대만

고 유 성	토종곤충자원(동북아 고유종)

자원활용도	정서애완학습곤충

종충확보	분양	○	구매		채집		수입	

활용현황	• 생태전시용: 이 종은 사슴벌레 중에서 오렌지색을 갖는 화려한 모습에 더듬이를 떠는 습성도 갖고 있어 애호가들의 인기가 높다. 「야생생물 보호 및 관리에 관한 법률」에 따라 야생동식물 I급에서 II급 종으로 보호 가치가 한 단계 내려갔지만, 지정, 보호되는 종이므로 허가없이 채집하거나 사육할 수 없으니 유의해야 한다. 서식처 외 보존기관으로 지정된 곳과 합법적인 분양을 통해서 사육하는 곳을 통하여 곤충생태 이벤트 차원에서 종종 전시된다. 비교적 사육이 잘 되는 종이다.

암컷

수컷

수컷

넓적사슴벌레

학 명	*Dorcus titanus castanicolor* Motschulsky		
목 명	Coleoptera(딱정벌레목)	과 명	Lucanidae(사슴벌레과)
국 명	넓적사슴벌레	별 칭	

성 충 형 태	몸길이 수컷이 30~80mm, 암컷은 25~45mm. 수컷의 큰턱 길이가 4~23mm이고, 몸이 넓고 납작한 종류이다. 몸은 흑색이나 가끔 보랏빛의 갈색을 띠는 수가 있는데 암컷에서 더 많다. 머리는 짧고 눈의 앞쪽은 단순한데 바깥쪽 테두리는 거의 직선형으로 길게 늘어나서 전체적으로 직사각형에 가깝다. 큰턱은 직선형으로 뻗었다가 끝쪽이 갑자기 오므라들었으며 머리와 가까운 곳에 한 개의 굵은 이빨이 있고 중간과 끝 부근에 한 개씩의 작은 이빨이 있으나 개체에 따라 없을 수도 있다.

DNA 바코드 염기서열 정 보	대표 개체 코드	8995	염기 서열 큐알코드	
	분석 개체수	1개체		
	서열차이	0%		

생 태 정 보	식성	식식성: 썩은 나무(유충)
	생활사	성충은 늦봄부터 가을까지 나무진이나 잘 익은 과일에 모이고, 밤에는 불빛에 날아온다. 때때로 성충으로 동면을 할 수 있으며, 유충은 동면을 하지 않고 먹이활동을 계속 하기 때문에 겨울에도 뱃속이 가득 차있다. 성충의 수명은 1~2년 정도 되며, 암컷은 습도가 높고 어느 정도 부식된 활엽수와 부엽토에 한 마리당 30~80개 정도의 알을 낳는다. 유충기간은 먹이원의 질과 온도에 따라서 6~15개월 까지도 소요된다. 번데기기간은 약 2주~1달 정도이며 총 알부터 성충까지는 약 1년 정도 걸린다. 성충은 잘 숨는 습성이 있으며, 특히 암컷은 수컷에 비해 움직임이 적다.

분 포	국내	전국	국외	일본(쓰시마), 중국

고 유 성	토종곤충자원(동북아 고유종)

자원활용도	정서애완학습곤충

종충확보	분양		구매	O	채집	O	수입	

활용현황	• 학습애완용: 곤충 마니아들에게 인기있는 대표적인 종 중 하나이다. 대량사육이 가능하며 보통의 곤충농장이나 애완동물 상점에서 상품으로 판매되는 종이다.

유충

갓 우화된 성충

32 왕사슴벌레

학 명	*Dorcus hopei* (E. Saunders)		
목 명	Coleoptera(딱정벌레목)	과 명	Lucanidae(사슴벌레과)
국 명	왕사슴벌레	별 칭	

성충형태	몸길이 수컷이 30~76mm, 암컷이 25~45mm. 수컷의 큰턱 길이는 4~20mm 이다. 몸은 짧고 둥근 형태로 전체적으로 흑색이며 약한 광택이 있다. 큰턱은 몸에 비하여 짧고 굵으며 앞쪽으로 둥글게 굽어 있고, 중간 부근에는 매우 굵은 한 개의 이빨이 안쪽으로 나 있다. 암컷은 광택이 강하고, 딱지날개에는 작은 점선들이 있다.

DNA 바코드 염기서열 정보	대표 개체 코드	9921	염기 서열 큐알코드
	분석 개체수	1개체	
	서열차이	0%	

생태정보	식성	식식성: 썩은 나무(유충)
	생활사	1년 1회 발생. 성충은 5월부터 9월 사이에 출현한다. 야행성으로 밤에는 나무의 진에 모이나 낮에는 나무 구멍 속에 숨어 있다. 애벌레는 주로 땅 위로 드러나 죽은 단단한 참나무류를 파먹고 자라며, 유충이나 성충으로 겨울을 난다. 동면하는 유충은 몸의 내부를 모두 비워내기 때문에 뱃속이 투명하다. 자연집단은 그리 흔한 편이 아니며, 성충의 수명은 2~3년 이상 된다. 암컷은 죽은 활엽수에 산란하며 한 마리당 30~50개 정도의 알을 낳는다. 알에서 성충까지 자연에서는 1~2년 걸리나, 인공사육에서는 6개월에서 1년 정도 걸린다. 번데기기간은 3~4주 정도이며 인공사육에서는 자연상태보다 큰 성충으로 키워낼 수 있다.

분포	국내	전국	국외	일본, 중국

고유성	토종곤충자원(동북아 고유종)

자원활용도	정서애완학습곤충

종충확보	분양		구매	○	채집	○	수입	

활용현황	• 애완학습용: 곤충 마니아들에게 인기 최정상의 종이다. 일본에서 지난 30년 전부터 애완곤충으로 가장 인기가 많은 종이었다. 특히 사육개체의 충체 크기를 증진시키려는 노력이 매우 큰 종이기도 하다. 보통의 곤충농장이나 애완동물상점에서 상품으로 판매되는 종이다.

성충

유충

33

장수풍뎅이

학 명	*Allomyrina dichotoma* (Linnaeus)		
목 명	Coleoptera(딱정벌레목)	과 명	Dynastidae(장수풍뎅이과)
국 명	장수풍뎅이	별 칭	

성충형태	몸길이 35~55㎜. 몸은 흑갈색 또는 적갈색을 띠며, 단단하고 뚱뚱한 느낌이 든다. 수컷은 광택을 띠고, 이마와 앞가슴등판에 뿔이 나 있는데 이마의 뿔은 앞가슴등판의 뿔보다 훨씬 길며 그 끝이 사슴뿔처럼 갈라졌다. 암컷은 광택이 없고, 앞가슴등판 한가운데 세로홈이 있다.

DNA 바코드 염기서열 정보	대표 개체 코드	8980	염기 서열 큐알코드	
	분석 개체수	8개체		
	서열차이	0~0.66%		

생태정보	식성	식식성: 썩은 나무나 부엽토(유충)
	생활사	1년 1회 발생. 6~8월경에 성충을 볼 수 있다. 야행성으로 등불에 잘 날아들며, 특히 밤에 참나무 진에 날아와 수컷끼리 자리다툼을 하는 등 활동적이지만, 낮에는 나무뿌리 근처의 낙엽 아래 또는 나뭇가지에 매달려 쉰다. 늦여름에는 낮에도 흔히 볼 수 있다. 암컷은 부엽토에 산란하며 한 마리당 50~150개 정도의 알을 낳는다. 유충기간은 먹이원의 질이나 온도에 따라 6~9개월 정도 소요되고, 번데기기간은 약 2~3주 정도이다. 유충의 성격이 비교적 온순하여 많은 개체를 함께 넣어도 유충끼리 서로 무는 문제는 없다. 여러 개체를 함께 사육할 경우 부화시기에 관계없이 동시에 성충이 되는 경우도 있다.

분 포	국내	전국(주로 남부와 제주도)	국외	일본, 중국, 대만, 인도차이나

고 유 성	토종곤충자원(아시아 고유종)

자원활용도	정서애완학습곤충, 식약용 곤충

종충확보	분양		구매	○	채집	○	수입	

활용현황	• 애완학습용: 국내에서 가장 먼저 애완곤충으로 이용되었으며, 가장 대중화된 종이다. • 식약용: 민간요법의 약재로 사용하기 위해 유충을 장수풍뎅이 굼벵이라고 하여 사육 및 판매가 이뤄지고 있다. 최근 한시적 식품등록을 위한 연구가 진행중에 있다.

수컷

암컷

사육유충

짝짓기

2령유충

수컷 번데기

몸말리기

34 외뿔장수풍뎅이

학 명	*Eophileurus chinensis* (Faldermann)		
목 명	Coleoptera(딱정벌레목)	과 명	Dynastidae(장수풍뎅이과)
국 명	외뿔장수풍뎅이	별 칭	

성충형태	몸길이 18~26mm. 흑색으로 약한 광택이 있다. 수컷뿐 아니라 암컷도 머리에는 짧고 단순한 1개의 뿔이 있다. 다만, 수컷은 앞가슴등판의 앞쪽은 넓고 둥글게 파였으며, 앞다리 발목마디 끝쪽 부분이 부풀어 굵다. 암컷은 뿔이 약간 더 짧고, 앞가슴등판은 좁고 긴 도랑같은 홈이 나 있다.

DNA 바코드 염기서열 정보	대표 개체 코드	9842	염기서열 큐알코드	
	분석 개체수	1개체		
	서열차이	0%		

생태정보	식성	식식성: 썩은 나무(유충), 잡식성: 수액, 곤충, 사체(성충)
	생활사	1년 1회 발생. 6~8월 수액이 나는 참나무 주위에서 성충을 볼 수 있다. 이들은 9월경에 잘 썩은 활엽수나 부엽토에 산란하고 부화한 유충은 월동 후 이듬해 성장을 계속한다. 다른 장수풍뎅이와 달리 큰턱이 발달하여 육식도 할 수 있어, 수액뿐 아니라 약한 곤충을 공격하여 먹거나 죽은 곤충을 먹기도 한다. 잡식성으로 실내사육에서 성충은 곤충용 젤리, 밀웜, 귀뚜라미나 곤충 시체를 먹이로 제공하고, 암컷 한 마리당 30~100개 정도의 알을 낳으며, 유충은 발효톱밥을 이용하여 사육할 수 있다. 유충기간은 약 3개월 정도이며 번데기 기간은 10일 정도이다. 성충의 수명은 3개월 정도로 알려져 있으나, 개체에 따라 암컷의 경우 월동하면서 다음 해에도 활동하는 경우가 있다.

분 포	국내	중북부	국외	일본, 대만, 중국

고 유 성	토종곤충자원(동북아 고유종)

자원활용도	정서애완학습곤충

종충확보	분양		구매	○	채집	○	수입	

활용현황	• 사육키트용: 딱정벌레 마니아들에게 관심이 높은 종으로, 부분적으로 개인사육가들에 의하여 사육되고, 판매되기도 한다. 장수풍뎅이보다 작지만, 성충의 식성 등 차별화된 부분이 많아서 관심 대상 종이다.

사슴풍뎅이

학 명	*Dicranocephalus adamsi* Pascoe		
목 명	Coleoptera(딱정벌레목)	과 명	Cetoniidae(꽃무지과)
국 명	사슴풍뎅이	별 칭	

성충형태	몸길이는 22mm 내외. 수컷은 머리의 앞쪽에 사슴뿔처럼 생긴 한 쌍의 뿔을 지닌, 우리나라에서 가장 멋있는 풍뎅이 중의 하나이다. 몸은 흑색이나 앞가슴등판과 딱지날개에는 회백색의 가루가 덮였고, 앞가슴등판의 앞쪽에는 2개의 굵은 흑갈색 내지 적갈색의 세로무늬가 있다. 암컷은 회백색 가루가 적거나 거의 없어서 띠무늬를 이루지 않으며, 전체적으로 흑갈색 내지 적갈색을 띤다. 수컷은 뿔 뿐 아니라 앞다리의 발목마디가 대단히 길지만 암컷은 뿔도 없고 발목마디도 덜 길다.

DNA 바코드 염기서열 정보	대표 개체 코드	7258	염기 서열 큐알코드	
	분석 개체수	18개체		
	서열차이	0~1.94%		

생태정보	식성	식식성: 부엽토 및 썩은 목질부(유충)
	생활사	성충은 낮은 활엽수림에서 5월 초~6월 말까지 주로 발견되고, 가장 많은 시기는 5월 말이다. 수컷은 암컷과 짝짓기 때 긴 앞다리로 보호를 할 뿐 아니라, 외부의 공격에 대해서도 방어 동작으로 다리를 들고 위협한다. 실내사육(25℃)에서 발육기간을 보면, 알은 10일 정도, 유충은 60여 일, 번데기는 25일 정도였다. 발효톱밥에 부엽토를 75% 첨가된 배지에서 사육했을 때 성충으로 우화된 개체수가 가장 많았다.

분 포	국내	중부와 남부	국외	중국(동북부~티벳동부)

고 유 성	토종곤충자원(동북아 고유종)						
자원활용도	정서애완학습곤충						
종충확보	분양		구매	○	채집	○	수입	

활용현황	• 사육키트용 및 전시용: 이 곤충은 암수 변이와 분포의 특이성으로 인하여 과거부터 관심을 끌어왔다. 국내에서 이 종에 대한 증식 기술 개발에 대한 노력이 있었고, 발생특성 및 사육 환경조건의 발표가 있었다. 하지만, 아직까지 완벽한 인공사육기술은 개발되지 못하고 있으며 개인 사육가들도 노력하는 중이다.

암컷

알 낳을 곳 찾기

수컷

짝짓기

애반딧불이

학 명	*Luciola lateralis* Motschulsky		
목 명	Coleoptera(딱정벌레목)	과 명	Lampyridae(반딧불이과)
국 명	애반딧불이	별 칭	

성 충 형 태	몸길이 7~10mm. 몸은 검정색이고, 가슴은 앞쪽으로 약간 좁으며 뒷모서리 각이 돌출되어 있다. 앞가슴등판은 적색을 띠며 중앙에 방망이 모양의 검정색 세로줄이 있다. 수컷은 배의 제5~6배마디에, 암컷은 제5배마디에 각각 황백색의 발광기가 있다.

DNA 바코드 염기서열 정보	대표 개체 코드	10526/350	염기 서열 큐알코드	
	분석 개체수	1개체		
	서열차이	0%		

생 태 정 보	식성	포식성: 다슬기, 물달팽이, 논우렁이 등 패류(유충)
	생활사	1년 1회 발생. 성충은 6~7월에 나타난다. 암컷은 축축한 이끼가 있는 물가의 풀속에 300~500개의 알을 낳는다. 7월 하순에 알에서 나온 애벌레는 우렁이나 다슬기 등을 잡아먹고 살며, 4번의 탈피를 한 후 겨울을 난다. 다음해 5월에 번데기가 되고, 한달 정도 지나서 성충으로 날개돋이를 한다. 집단 사육과정에서 유충의 영기는 차이가 날 수 있으며 연구자마다 달라서 9령까지 조사되기도 한다.

분 포	국내	전국	국외	일본, 중국(동부, 북부), 시베리아 동부

고 유 성	토종곤충자원(동북아 고유종)

자원활용도	정서애완학습곤충

종충확보	분양		구매	○	채집	○	수입	

활용현황	• 학습애완용: 반딧불이 중에서 연중 사육법이 체계화된 종의 하나로 성충 발생 시기의 조절이 가능하다. 무주 반딧불이 축제 뿐 아니라 여러 곳에서 축제 행사가 열린다. 아직까지 개별 사육장치로 판매되지는 않았으나 개발 가능성이 있는 종이다. ※무주군 설천면 장덕리 수한마을은 애반딧불이 보호를 위하여 천연기념물로 지정된 곳이므로, 그 지역에서 채집은 삼가야 한다.

암컷

유충

짝짓기

늦반딧불이

학 명	*Lychnuris rufa* (Olivier)		
목 명	Coleoptera(딱정벌레목)	과 명	Lampyridae(반딧불이과)
국 명	늦반딧불이	별 칭	
성 충 형 태	몸길이 15~18mm. 우리나라 반딧불이 중 가장 크다. 머리는 넓은 앞가슴등판 밑에 숨겨져 보이지 않는다. 앞가슴등판은 뒤쪽이 등황색이나 양옆의 앞쪽은 맑고 투명하다. 몸의 대부분은 암갈색 또는 흑갈색이며, 배의 뒤쪽에 있는 발광기관은 황백색이다. 암컷은 날개가 없고 배가 크다.		

DNA 바코드 염기서열 정보	대표 개체 코드	5241	염기 서열 큐알코드	
	분석 개체수	8개체		
	서열차이	0~0.62%		

생 태 정 보	식성	포식성: 육상 달팽이류(유충)
	생활사	1년 1회 발생. 8~10월에 성충이 된다. 주로 해질녘부터 오후 9시 정도까지 수컷은 날면서 암컷의 불빛 신호를 찾는다. 암컷은 땅의 표면이나 풀줄기에서 불빛을 내어 수컷을 유인한다. 흙에다 알을 낳는데, 알 상태로 겨울을 난다. 이듬해 깨어난 유충은 6~9월까지 습기가 많은 풀숲에서 육상 달팽이류를 잡아먹고 자란다. 유충 역시 강한 불빛을 낸다.

분 포	국내	전국	국외	일본, 중국
고 유 성	토종곤충자원(동북아 고유종)			
자원활용도	정서애완학습곤충, 식약용곤충			

종충확보	분양		구매		채집	○	수입	

활용현황	• 생태전시용: 인공사육법이 밝혀진 종이다. 성충의 수명은 짧지만, 유충은 성장 기간이 길면서 달팽이를 잘 잡아먹을뿐 아니라, 불빛도 낼 수 있다. 따라서 유충을 이용한 생태전시가 오히려 용이하다. • 민약용: 다양한 증상에 반딧불이 성충과 알을 이용한 기록이 우리나라를 비롯한 동북아시아에 존재한다. 하지만, 이들의 효능에 대한 과학적 연구는 아직 미진한 실정이다.

달팽이를 사냥하는 유충

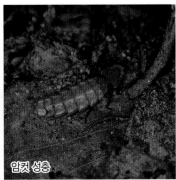
암컷 성충

수컷

울도하늘소

학 명	*Psacothea hilaris* (Pascoe)		
목 명	Coleoptera(딱정벌레목)	과 명	Cerambycidae(하늘소과)
국 명	울도하늘소	별 칭	
성 충 형 태	몸길이 14~30㎜. 몸은 다소 가늘고 긴 원통형이며, 몸은 전체가 회백색의 가는 털로 덮여 있고, 황백색 내지 황색 무늬가 머리의 중앙부, 앞가슴등판의 옆가두리, 딱지날개에 있다. 수컷의 더듬이 길이는 몸길이의 2.5~3배이며, 암컷은 2배 정도이다.		

DNA 바코드 염기서열 정보	대표 개체 코드	14892	염기 서열 큐알코드	
	분석 개체수	1개체		
	서열차이	0%		

생 태 정 보	식성	식식성: 뽕나무, 무화과나무
	생활사	1년 1회 발생. 어른벌레는 뽕나무나 무화과나무에 모인다. 살아있는 나무의 껍질이나 잎을 먹을 뿐 아니라 입으로 줄기에 흠집을 내고 그 안에 알을 낳는다. 깨어난 애벌레는 줄기를 파먹고 살면서 성장을 한다. 대부분 노숙유충 상태로 월동에 들어간다. 실내사육에서 유충기간은 50~60일 정도 소요되며, 25℃이상 14시간 이상의 조건에서 지속적인 사육이 가능하다. 실내에서 사육하는 개체는 수컷이 턱으로 암컷의 가슴쪽을 문질러서 암컷의 가슴이 광택이 나는 경우도 종종 있다.

분 포	국내	울릉도, 남부지방	국외	일본, 대만

고 유 성	토종곤충자원(동아시아 고유종)			
자원활용도	정서애완학습곤충			

종충확보	분양	○	구매		채집	○	수입	

활용현황	• 생태전시용: 수년 전에 울릉도에서 지역 관광상품으로 울도하늘소를 대량사육하여 표본액자 등을 판매하였으나, 수익성은 크지 않았다. 멸종위기야생동물식물로 보호받던 종이었으나, 2012년 해제되어 법적 규제가 없어졌다. 대량사육법과 인공사료가 개발되어 있어 이용가능성이 좋다.

유충

번데기

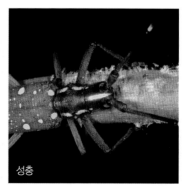

성충

39

모시나비

학 명	*Parnassius stubbendorfii* Ménétriès		
목 명	Lepidoptera(나비목)	과 명	Papilionidae(호랑나비과)
국 명	모시나비	별 칭	

성 충 형 태	날개편길이 55~65㎜ 정도. 날개는 비늘가루가 적어 전체적으로 반투명해 보여, 모시 천의 느낌이 나므로 모시나비라 불린다. 수컷의 몸에는 회백색 털이 많이 나 있으나 암컷에는 털이 없고 매끈하다. 배 양쪽에 노란무늬가 있고, 끝에 수태낭을 달았으면 수정된 암컷이라 볼 수 있다.

D N A 바 코 드 염기서열 정 보	대표 개체 코드	L159	염기 서열 큐알코드	
	분석 개체수	8개체		
	서열차이	0~0.61%		

생 태 정 보	식성	식식성: 왜현오색, 산괴불주머니, 양귀비과 일부 종(유충)
	생활사	1년 1회 발생. 보통 5월 초순~말까지 출현하지만, 산지에서는 6월 중순까지 나온다. 산지의 숲가장자리 초지나 그 주변 경작지에서 천천히 나는 습성이 있다. 암컷은 5월 말경 먹이식물 주변의 것에 한 개씩 알을 낳는다. 이 알 상태로 겨울까지 넘기고 이듬해 봄에 부화하여 성장을 한다. 실내에서 사육하면, 암컷은 평균 55.9개의 알을 낳고 유충기간은 온도조건에 따라서 16.1~41.3일 정도가 소요된다. 또한 2.5℃의 온도에서 알을 저장하면 휴면 타파가 가능하다. 특이 습성으로 짝짓기가 끝날 때 수컷은 암컷의 배 끝에다 자신의 분비물로 수태낭을 만들어 주어 파트너인 암컷이 다시는 짝짓기를 못하게 한다. 수태낭은 일종의 정조대 역할을 하게 된다.

분 포	국내	전국	국외	일본, 중국, 러시아(동부), 몽골

고 유 성	토종곤충자원(동북아 고유종)

자원활용도	정서애완학습곤충

종충확보	분양		구매		채집	○	수입	

활용현황	• 나비하우스용: 모시나비 연중 실내 계대사육법이 특허출원되어 있으나, 농가에서 사육할 때, 알 상태로 휴면 타파를 위하여 긴 기간을 보내야 하는 어려움이 아직 있다.

짝짓기

번데기

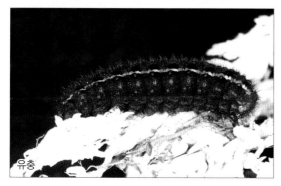

유충

수태낭을 단 암컷

40

붉은점모시나비

학 명	*Parnassius bremeri* Bremer		
목 명	Lepidoptera(나비목)	과 명	Papilionidae(호랑나비과)
국 명	붉은점모시나비	별 칭	
성 충 형 태	날개편길이 65~75㎜ 정도. 모시나비와 비슷한데, 날개에 붉은 점이 뚜렷이 있다. 특히 날개 아랫면에서 선명하다. 수컷은 배 전체에 연한 노란빛의 긴 털이 있지만 암컷은 적다. 암컷의 배 끝에는 수태낭이 있으면 짝짓기를 한 암컷이다.		

D N A 바 코 드 염기서열 정 보	대표 개체 코드	L1789	염기 서열 큐알코드	
	분석 개체수	3개체		
	서열차이	0%		

생 태 정 보	식성	유충: 기린초, 성충: 엉겅퀴, 기린초 꽃		
	생활사	1년 1회 발생. 성충은 주로 5월에 볼 수 있으나 국지적 기후에 따라서 6월 중순, 또는 7월까지 나타난 곳도 있다. 기린초가 많은 바위산 주변에 서식한다. 오전에 낮게 천천히 날며, 암컷은 식초인 기린초 주변에 있는 지표의 죽은 잔가지나 마른 잎에 한 개씩 산란한다. 5월에 산란된 알에서 1령 유충으로 자라지만, 다음해 3월 하순~4월 초까지 알 껍질 속에서 그대로 머문다. 새봄이 온 후부터 성장을 시작한다.		
분 포	국내	전국(삼척, 의성, 연천 등 국지 분포)	국외	중국(동부, 북부), 러시아(트랜스 바이칼 남부~우수리)

고 유 성	토종곤충자원(동북아 고유종)						
자원활용도	정서애완학습곤충						
종충확보	분양	○	구매		채집		수입

활용현황	• 생태관광용으로 활용: 현재의 삼척, 의성 등지에서는 생태관광자원으로 활용하기 위한 방안을 모색하고 있다. 또한, 성충 활동기가 매우 짧아, 이 시기를 조절하기 위한 연구가 진행 중에 있다. 「야생생물 보호 및 관리에 관한 법률」에 따라 야생동식물 II급 종으로 지정, 보호되는 종이므로 허가 없이 채집하거나 사육할 수 없으니 유의해야 한다.

41 호랑나비

학 명	*Papilio machaon* Linnaeus			
목 명	Lepidoptera(나비목)	과 명	Papilionidae(호랑나비과)	
국 명	호랑나비	별 칭		
성 충 형 태	날개편길이 65~86㎜. 날개의 윗면은 검은색 바탕에 노란색의 줄과 점무늬로 구성되어 호랑이무늬 앞날개의 윗면 중실에서 갈비뼈처럼 생긴 줄무늬가 있고, 뒷날개 끝쪽에는 붉은 점이 있다.			

D N A 바 코 드 염기서열 정 보	대표 개체 코드	L553	염기 서열 큐알코드	
	분석 개체수	5개체		
	서열차이	0~0.16%		

생 태 정 보	식성	식식성: 탱자나무, 산초나무, 황벽나무, 귤나무 백선 등 운향과 식물(유충)
	생활사	1년 2회 이상 발생. 3~10월까지 봄, 여름, 가을형이 존재하나, 중부 이북에서는 2회만 발생할 수 있다. 평지나 낮은 산지에 주로 산다. 암컷은 먹이 식물의 잎이나 새싹 뒤에 공 모양의 알을 1개씩 낳는다. 유충은 4령 때까지는 새똥 같은 모양을 하지만, 5령이 되면 황록색으로 변한다. 번데기로 월동한다. 사육실에서는 고온, 장일의 조건이면 연중사육이 가능하다.

분 포	국내	전국	국외	일본, 중국(대만 이북), 러시아 극동지역과 트랜스바이칼, 필리핀 루손섬 북부

고 유 성	토종곤충자원(아시아 고유종)						
자원활용도	정서애완학습곤충						
종충확보	분양		구매	○	채집	○	수입	

활용현황	• 애완학습용 및 나비온실용: 호랑나비는 배추흰나비와 더불어 사육법이 개발되어 있는 나비중의 하나로 자세한 방법이 「산업곤충사육기준 및 규격(I)」에 실려 있다. 애벌레의 성장에 따른 색변이와 위협당하면 내는 냄새뿔 등 생태적 호기심을 충족시켜 줄 요소가 많은 곤충이다. 애완학습용 키트로도 이용되며, 나비온실에서 주로 이용된다.

날개돋이 끝낸 성충

유충

알

번데기

42 긴꼬리제비나비

학 명	*Papilio macilentus* Janson		
목 명	Lepidoptera(나비목)	과 명	Papilionidae(호랑나비과)
국 명	긴꼬리제비나비	별 칭	

성 충 형 태	날개편길이 80~95㎜ 정도(봄형). 몸과 날개가 검은색이고 꼬리는 다른 제비나비에 비해 길다. 날개는 큰 편이나 좁고 길며, 앞날개의 시맥은 검은색으로 가는 줄처럼 드러나 있다. 뒷날개는 앞날개보다 더 검으며 그 안쪽에 띠를 이루고 있는 미색의 무늬가 수컷에만 있다. 또 뒷날개 바깥선두리를 따라서 붉은색의 초승달 무늬가 있는데, 수컷에 비해 암컷의 붉은 점이 훨씬 뚜렷하다. 여름형이 봄형에 비해 크고 여름형의 앞날개 바깥가두리는 봄형에 비해 안쪽으로 약간 구부러져 있다.

D N A 바 코 드 염기서열 정 보	대표 개체 코드	L465	염기 서열 큐알코드	
	분석 개체수	7개체		
	서열차이	0~0.76%		

생 태 정 보	식성	식식성: 운향과 식물인 누리장나무, 탱자나무, 머귀나무, 산초나무, 초피나무 등(유충)
	생활사	1년 2회 이상 발생. 성충은 4~6월(봄형)과 7~8월(여름형)에 걸쳐 각각 나타난다. 낮은 산지와 평지의 숲 가장자리에 서식한다. 운향과 식물이 있는 곳이면 어느 곳이나 흔하다. 수컷은 일정한 공간을 따라 날아다니면서 나비길을 이루며 습지에서 물을 마시기도 한다. 암컷은 기온이 높은 오후에 어두운 나무 그늘 사이에서 짝짓기를 하고 기주식물의 잎에 둥근 알을 한 개씩 산란한다. 산호랑나비처럼 4령까지는 새똥모양을 하다가 5령이 되면 녹색으로 변한다. 월동은 번데기로 한다.

분 포	국내	전국	국외	일본, 중국

고 유 성	토종곤충자원(동북아 고유종)

자원활용도	정서애완학습곤충

종충확보	분양		구매		채집	○	수입	

활용현황	• 나비하우스용: 제비나비류 중에서 나비하우스에 적용하기 가장 용이한 종이다. 비교적 천천히 날며 관람객의 눈에 잘 띌 수 있는 종이다. 사육법은 호랑나비류에 준하여 가능하다.

번데기

물마시기(산제비나비와 섞여 있음)

유충

43 제비나비

학　　명	*Papilio bianor* Cramer		
목　　명	Lepidoptera(나비목)	과　　명	Papilionidae(호랑나비과)
국　　명	제비나비	별　　칭	
성충 형태	날개편길이 80~90mm(봄형), 110~135mm(여름형). 몸과 날개는 검은색 바탕인데, 앞날개에는 청남색과 진초록색 비늘가루가 조금씩 섞여 있다. 수컷의 앞날개 윗면에는 벨벳 모양의 검은 털로 이루어진 발향린이 성표로 있고, 암컷은 없다. 또한 암컷의 앞날개에 있는 검은 색상도 수컷에 비해 엷은 편이다. 암컷의 뒷날개 각방 끝에는 주홍색의 반달무늬가 있으나, 수컷에는 연푸른색의 반달무늬가 있다.		

DNA 바코드 염기서열 정보	대표 개체 코드	5088	염기 서열 큐알코드	
	분석 개체수	7개체		
	서열차이	0~0.15%		

생태 정보	식성	식식성: : 운향과 식물인 황벽나무, 머귀나무, 초피나무, 산초나무 등(유충)
	생활사	1년 2회 이상 발생. 성충은 4~6월(봄형)과 7~9월(여름형)에 출현한다. 산지에서 마을까지 흔히 사는 나비이다. 수컷은 계곡이나 산꼭대기에서 나비길을 이루며, 습지에서 떼로 모여 물을 먹는다. 암컷은 기주식물의 잎 뒷면에 한 개씩 산란한다. 부화한 유충은 주로 잎 표면에서 생활하다가 번데기가 된다. 번데기로 월동하며, 갈색형과 녹색형이 있다.

분포	국내	전국	국외	일본, 중국, 러시아 극동지역

고유성	토종곤충자원(동북아 고유종)					
자원활용도	정서애완학습곤충					
종충확보	분양		구매		채집	○	수입	

활용현황	• 나비하우스용: 크고 화려하며, 사육법은 호랑나비류에 준하여 가능하다.

알

성숙 유충

산제비나비

학 명	*Papilio maackii* Ménétriès		
목 명	Lepidoptera(나비목)	과 명	Papilionidae(호랑나비과)
국 명	산제비나비	별 칭	

| 성 충
형 태 | 날개편길이 85〜90㎜(봄형), 100〜140㎜(여름형). 날개의 표면 중앙에는 황록색의 비늘가루가 발달
해 있고, 뒷날개의 아랫면에는 황백색의 띠무늬가 선명하다. 여름형이 봄형보다 훨씬 크지만 뒷날개
아랫면의 황백색 띠무늬는 봄형이 훨씬 뚜렷하다. 수컷은 앞날개 표면에 벨벳 모양의 성표가 있으나
암컷은 없다. | | |

DNA 바코드 염기서열 정 보	대표 개체 코드	L41	염기 서열 큐알코드	
	분석 개체수	8개체		
	서열차이	0%		

생 태 정 보	식성	식식성: 운향과 식물인 황벽나무, 머귀나무 등(유충)
	생활사	1년 2회 발생. 성충은 4〜6월(봄형)과 7〜9월(여름형)에 각각 출현한다. 주로 산지의 계 곡에 서식한다. 수컷은 대체로 산길이나 계곡을 따라 나비길을 이루며 빠르게 난다. 산란 은 기주식물의 잎 뒷면에 한 개씩 하고, 번데기 상태로 겨울을 난다. 수컷이 무리지어 습 지(계곡, 화장실 주변 등)에서 물을 마시는 행동을 한다.

분 포	국내	전국	국외	일본, 중국, 대만, 러시아 극동지역, 버마

고 유 성	토종곤충자원(아시아 고유종)						
자원활용도	정서애완학습곤충						
종충확보	분양		구매		채집	○	수입	

활용현황	• 나비하우스용: 1975년 이화여대 자연사박물관에서 방문자를 대상으로 한 「한국 10걸」 첫 인기투 표에서 가장 멋있는 나비로 선정된 바 있어 국가를 상징하는 나비로 추천하자는 의견도 있었을 정도이다. 크고 화려하며, 사육법은 호랑나비류에 준하여 가능하다.

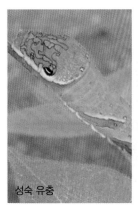
성숙 유충

번데기

배추흰나비

학 명	*Pieris rapae* (Linnaeus)		
목 명	Lepidoptera(나비목)	과 명	Pieridae(흰나비과)
국 명	배추흰나비	별 칭	

성충형태	날개편길이 45～65㎜. 날개가 전체적으로 흰색이며 앞날개 위끝이 검고 앞날개에 검은점이 2개, 뒷날개에 1개씩을 기본으로 한다. 수컷의 날개는 밝은 유백색인데 반해 암컷의 날개는 노란빛이 섞여 있다. 또한, 수컷은 검은 무늬가 희미하거나 없어지기도 하지만, 암컷은 더욱 발달하였다. 앞날개 밑에는 흑색가루가 많다.

DNA 바코드 염기서열 정보	대표 개체 코드	14810	염기 서열 큐알코드
	분석 개체수	5개체	
	서열차이	0～0.92%	

생태정보	식성	식식성: 십자화과의 배추, 무, 양배추, 케일, 갓, 유채 등(유충)
	생활사	1년 4～5회 발생. 2월 말～5월(봄형), 6～11월(여름형). 마을 주변에서 흔한 나비이다. 암컷은 잎 표면과 뒷면을 가리지 않고 한 개씩 산란한다. 알은 약 일주일이면 부화되고 유충에서 성충으로 우화되는 데는 20～30일 정도 걸린다. 성충의 수명은 1～2주일 정도이며, 번데기로 월동한다. 배추흰나비는 암수가 서로 자외선을 이용하여 구분한다. 암컷의 경우 교미가 끝난 후에 수컷이 접근하면 배를 들어 올려 교미를 회피하는 행동을 한다.

분 포	국내	전국	국외	유라시아, 호주

고 유 성	토종곤충자원(아프리카와 아메리카 제외한 범세계 분포종)

자원활용도	정서애완학습곤충

종충확보	분양		구매	○	채집	○	수입	

활용현황	• 애완학습용 및 나비온실용: 배추흰나비는 호랑나비와 더불어 사육법이 개발되어 있는 나비 중의 하나로 자세한 사육관리가 「산업곤충사육기준 및 규격(I)」에 실려 있다. 초등교과서에 「배추흰나비 기르기」 코너가 있어 애완학습용 으로 인기가 높고, 나비온실에서도 많이 이용된다.

알

유충

46 큰줄흰나비

학 명	*Pieris melete* (Ménétriès)		
목 명	Lepidoptera(나비목)	과 명	Pieridae(흰나비과)
국 명	큰줄흰나비	별 칭	

성충형태	날개편길이 50~60㎜. 날개는 전체적으로 백색 바탕이며 그 위에 흑색의 시맥들이 뻗어 있다. 암컷은 수컷에 비해 날개가 크며, 특히 앞날개 윗면에 흑색무늬가 더 크게 발달해 있고, 뒷날개의 아랫면은 연한 노란빛을 띤다. 계절형에 따라 암수의 날개에서 보이는 검은 비늘가루의 얼룩무늬가 큰 차이가 난다. 봄형은 여름형에 비해 날개 윗면에 검은 비늘가루가 더 발달하였고, 날개 아랫면에도 노란 비늘가루가 더 많다.

DNA 바코드 염기서열 정보	대표 개체 코드	5082	염기서열 큐알코드	
	분석 개체수	10개체		
	서열차이	0~0.3%		

생태정보	식성	식식성: 십자화과 배추, 무, 냉이, 양배추, 황새냉이, 갓, 큰산장대, 속속이풀 등(유충)
	생활사	1년 3~4회 발생. 성충은 봄형이 4월 말에서 5월 중순, 여름형은 6월에서 10월까지 볼 수 있다. 산지의 숲 가장자리나 계곡 주변의 초지, 인가 주변에 서식한다. 수컷이 습지에서 물을 마시는 모습을 많이 볼 수 있다. 암컷은 기주식물의 잎 표면, 뒷면, 줄기 등 가리지 않고 여러 곳에 산란한다. 월동은 번데기로 한다.

분 포	국내	전국	국외	일본, 중국 동북부, 러시아 극동지역

고 유 성	토종곤충자원(동북아 고유종)						
자원활용도	정서애완학습곤충						
종충확보	분양		구매	○	채집	○	수입	

활용현황	• 나비온실용: 흰나비류 중에서 배추흰나비보다 사육이 덜 까다로운 종으로, 나비온실에서 주로 이용된다.

알

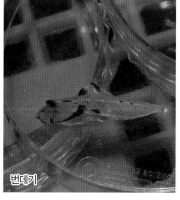
번데기

짝짓기

남방노랑나비

학 명	*Eurema madarina* (de l'Orza)		
목 명	Lepidoptera(나비목)	과 명	Pieridae(흰나비과)
국 명	남방노랑나비	별 칭	
성 충 형 태	날개편길이 17~27㎜ 정도. 샛노란 색을 가진 소형종으로 바탕색은 수컷이 암컷보다 좀더 짙다. 날개 바깥가두리의 검은 무늬는 여름형에서 잘 발달되어 무늬가 뚜렷하지만, 봄과 가을형은 검은색 부분이 줄어 거의 앞날개의 끝부분에만 남는다. 날개 아랫면에 산재하는 갈색의 작은 점무늬도 변화가 있다.		

DNA 바코드 염기서열 정보	대표 개체 코드	8601	염기 서열 큐알코드	
	분석 개체수	15개체		
	서열차이	0~0.92%		

생 태 정 보	식성	식식성: 비수리, 싸리, 결명자, 자귀나무 등 콩과식물의 잎 등(유충)
	생활사	1년에 3~4회 발생. 산자락이나 숲 가장자리의 콩과 식물이 많은 풀밭에 산다. 암컷은 식초의 잎 윗면에 알을 한 개씩 낳는데, 여름에는 한 장소에서 알부터 번데기까지 한꺼번에 볼 수 있다. 비교적 서식지를 크게 벗어나지 않고, 그 주변을 배회하는 특징이 있으며 주변의 인기척에도 빠르게 반응하지 않는다. 월동은 성충으로 한다

분 포	국내	남부(경상, 전라, 제주, 울릉도)	국외	일본, 중국 남부

고 유 성	토종곤충자원(동아시아 고유종)						
자원활용도	정서애완학습곤충						
종충확보	분양		구매	○	채집	○	수입	

활용현황	• 나비온실용: 나비온실에서 노란색을 지닌 나비로 매력이 크며 곤충생태원 등에서 사육, 이용된다. 산업곤충사육기준 및 규격(II)에 사육법이 잘 정립되어 있다.

48 남방부전나비

학 명	*Zizeeria maha* (Kollar)		
목 명	Lepidoptera(나비목)	과 명	Lycaenidae(부전나비과)
국 명	남방부전나비	별 칭	
성충형태	날개편길이 20~29mm 정도. 수컷의 날개는 주로 청백색를 하고 넓은 가두리부분과 시맥만 흑갈색을 띤다. 암컷의 날개는 전체가 흑갈색을 띤다. 날개 아랫면은 회백색이고 전체적으로 흑갈색 점들이 산재하는데, 특히 날개 가두리를 중심으로 점들이 일렬로 나열하여 세 줄로 띠를 이룬다. 부전나비의 일종이지만 꼬리돌기는 없다.		

DNA 바코드 염기서열 정보	대표 개체 코드	9149	염기 서열 큐알코드	
	분석 개체수	13개체		
	서열차이	0%		

생태정보	식성	식식성: 괭이밥과의 괭이밥 등(유충)
	생활사	1년 4~5회 발생. 4월에서 11월 초까지 볼 수 있다. 도심 공원, 논밭 주변뿐 아니라 마당 꽃밭까지 쉽게 볼 수 있는 나비이다. 나는 속도는 다른 소형 부전나비들보다 느린 편이고, 암수 모두 꽃에서 꿀을 빤다. 일광욕을 할 때에는 날개를 반쯤 펴고 앉으나 그 밖의 대부분은 날개를 접고 앉는데, 뒷날개를 비비는 습성이 있다. 월동은 돌밑이나 낙엽 밑에서 유충으로 한다. 남부 지방에 서식하지만, 발생을 계속하면서 점차 북상하여 가을철에는 남한 전역으로 분포가 확대된다. 하지만, 중부로 북상한 집단은 겨울 월동을 못한다.

분 포	국내	남부, 제주도, 울릉도	국외	일본, 대만, 동남아시아
고 유 성	토종곤충자원(아시아 고유종)			
자원활용도	정서애완학습곤충			

종충확보	분양		구매		채집	○	수입	

활용현황	• 나비온실용: 비록 크기는 작은 편이지만 개체수가 많고 낮게 날아서 나비정원용으로 적용하기 좋은 종이다. 하우스 내 먹이 식물 유지만으로도 어느 정도 집단 유지가 가능한 종이다.

49 암먹부전나비

학 명	*Cupido argiades* (Pallas)		
목 명	Lepidoptera(나비목)	과 명	Lycaenidae(부전나비과)
국 명	암먹부전나비	별 칭	
성 충 형 태	날개편길이 20~30㎜ 정도. 날개의 바탕색이 수컷은 청보라색이고 외연은 흑갈색이지만, 암컷은 날개 전체가 흑갈색으로 구별된다. 날개 아랫면은 회백색이고 앞날개 가두리를 따라 흑색의 점무늬가 2열하고, 뒷날개에는 전체에 흑색 점무늬가 산재한다. 특히, 뒷날개 가두리에서 주홍색의 점무늬가 3~4개 있다. 꼬리모양돌기는 짧다.		

D N A 바 코 드 염기서열 정 보	대표 개체 코드	5080	염기 서열 큐알코드	
	분석 개체수	7개체		
	서열차이	0~0.3%		

생 태 정 보	식성	식식성: 콩과의 매듭풀, 갈퀴나물, 광릉갈퀴 등(유충)
	생활사	1년 3~4회 발생. 3월에서 10월까지 출현한다. 전국에서 흔히 볼 수 있는 종으로, 길가나 강둑, 산지의 초지 등에 산다. 수컷은 풀밭을 낮게 활발히 날아다니며 물가에서 물을 먹고, 쉴 때는 날개를 접은 채로 뒷날개를 비비는 행동을 자주 한다. 월동은 번데기로 한다.

분 포	국내	전국(제주도, 울릉도 포함)	국외	일본, 중국, 대만, 러시아, 네팔, 유럽

고 유 성	토종곤충자원(유라시아 고유종)						
자원활용도	정서애완학습곤충						
종충확보	분양		구매		채집	○	수입
활용현황	• 나비온실용: 작은 나비이나 활발한 움직임으로 관찰 활동에 용이한 종이다. 하우스 내 먹이 식물 유지만으로도 어느 정도 집단 유지가 가능한 종이다.						

수컷

암컷

먹부전나비

학 명	*Tongeia fischeri* (Eversmann)		
목 명	Lepidoptera(나비목)	과 명	Lycaenidae(부전나비과)
국 명	먹부전나비	별 칭	
성 충 형 태	날개편길이 20~30㎜ 정도. 머리와 몸은 흑색이다. 날개의 바탕색은 흑갈색이고, 뒷날개 가두리에 청백색의 무늬들이 열지어 있다. 꼬리모양돌기는 작다. 날개 아랫면은 회백색이고, 앞날개에는 중실과 가두리를 따라 흑색의 점무늬가 배열하고 뒷날개에도 날개 전체에 흑색 점무늬가 산재한다. 뒷날개 외연 뒤쪽으로 3~4개의 주홍색 점무늬가 있다.		

D N A 바 코 드 염기서열 정 보	대표 개체 코드	8957	염기 서열 큐알코드	
	분석 개체수	6개체		
	서열차이	0~0.61%		

생 태 정 보	식성	식식성: 돌나물과의 바위채송화, 땅채송화, 바위솔 등(유충)
	생활사	1년 3~4회 발생하며, 5월 초~9월까지 출현한다. 암먹부전나비와 서식처가 비슷한 편으로, 제방, 정원 등에 산다. 서식지 주변에서 멀리 벗어나는 일이 드물고, 풀이나 바위 위에서 날개를 반쯤 펴고 앉아서 쉰다. 암수 모두 꽃에서 꿀을 빨고, 수컷은 습지에서 물을 빨아먹기도 한다.

분 포	국내	전국	국외	일본, 중국(동부, 북부), 러시아(시베리아~극동), 몽골, 동유럽

고 유 성	토종곤충자원(유라시아 고유종)
자원활용도	정서애완학습곤충

종충확보	분양		구매		채집	○	수입	

활용현황	• 나비온실 및 전시용: 몸은 작지만, 온실 안에 먹이 식물 유지만으로도 어느 정도 집단 유지가 가능한 종이다. 최근 실내 관상용 다육식물로도 사육이 잘 되므로 사육세트의 개발 가능성도 있다.

수컷(윗면)

수컷(아래면)

51 큰주홍부전나비

학 명	*Lycaena dispar* (Haworth)		
목 명	Lepidoptera(나비목)	과 명	Lycaenidae(부전나비과)
국 명	큰주홍부전나비	별 칭	

성충형태	날개편길이 40~45㎜ 정도. 앞과 뒷날개 모두 주황색을 바탕으로 가두리는 흑갈색이다. 수컷은 윗면 전체에 흑갈색 점무늬가 없다. 암컷은 앞날개에서 중실과 외횡선 지점에 점무늬가 배열되고, 뒷날개는 흑갈색바탕에 가두리를 따라 주황색의 무늬가 있다. 날개의 아랫면은 앞날개의 경우 밝은 오렌지색이고 뒷날개는 회황색이나, 모두 흑색 점들이 나 있다.

DNA 바코드 염기서열 정보	대표 개체 코드	10073/Y-1	염기 서열 큐알코드
	분석 개체수	8개체	
	서열차이	0~0.76%	

생태 정보	식성	식식성: 마디풀과의 참소리쟁이, 소리쟁이 등(유충)
	생활사	1년 2~3회 발생. 성충은 5~10월까지 볼 수 있다. 유충은 먹이식물이 많은 강둑이나 논밭 근처에 산다. 암수 모두 꽃에서 꿀을 빠는데, 수컷은 오전에 풀잎 위에서 일광욕을 하거나 점유행동을 한다. 특히 암컷은 산란을 위해서 최대 10km까지 이동하는 것으로 알려져 있다. 암컷은 식초의 잎이나 근처의 마른 풀에 알을 한 개씩 낳는다. 사육과정에서 유충으로 4령까지만 존재하지만, 월동개체의 경우, 한 번 더 탈피하여 5령이 되므로 비월동 개체보다 더 큰 성충을 만든다. 월동은 애벌레로 한다.

분 포	국내	북부, 중부 일원	국외	중국, 러시아 극동시베리아, 유럽

고 유 성	토종곤충자원(유라시아 고유종)						
자원활용도	정서애완학습곤충						
종충확보	분양		구매		채집	○	수입	

활용현황	• 전 세계적으로 이 종은 준위협(near threatened) 상태로 세계자연보전연맹이 평가하였다. 하지만, 국내 집단은 임진강일원의 희귀상황에서 최근 중부지역 대부분으로 확장되고 개체수도 늘고 있다. • 나비온실용: 먹이식물을 쉽게 구할 수 있고, 색감이 좋은 나비이며, 유럽쪽은 상대적으로 희귀하거나 멸종위기에 처한 종이다. 연중실내사육법이 특허 등록되었고, 생태 관련 연구결과가 밝혀져 있다.

암컷

수컷

유충

52 담흑부전나비

학 명	*Niphanda fusca* (Bremer et Grey)		
목 명	Lepidoptera(나비목)	과 명	Lycaenidae(부전나비과)
국 명	담흑부전나비	별 칭	담흙부전나비
성 충 형 태	날개편길이 32~42mm 정도. 머리와 몸은 흑색이고 회갈색의 털로 덮여있다. 날개의 윗면은 흑갈색인데, 수컷은 외연을 제외하고 전체적으로 보라색의 광택이 난다. 날개의 아랫면은 암회색에 흑갈색의 여러 반점이 나 있다. 앞날개의 가두리는 수컷은 직선적이지만, 암컷은 둥그스름하다.		

DNA 바코드 염기서열 정보	대표 개체 코드	L2263	염기 서열 큐알코드	
	분석 개체수	2개체		
	서열차이	0~0.17%		

생 태 정 보	식성	기생성: 진딧물, 일본왕개미(유충)
	생활사	1년 1회 발생, 6월 중순부터 8월 초까지 볼 수 있다. 낮은 산지에 나무가 드문드문 있는 초지에 산다. 수컷은 맑은 날 점유행동을 하고 꽃에 모여 꿀을 빤다. 암컷은 일본왕개미의 집 근처로 진딧물과 공생하는 생활 터전에 5~12개의 알을 낳는다. 1~2령 유충은 진딧물류의 단물을 받아먹고, 3령 이후 일본왕개미의 집에 옮겨져 개미에 의해 양육된다.

분 포	국내	전한반도, 제주도	국외	일본, 중국, 러시아 트랜스바이칼 남부와 아무르

고 유 성	토종곤충자원(동북아 고유종)							
자원활용도	정서애완학습곤충							
종충확보	분양		구매		채집	○	수입	
활용현황	• 전시이벤트용: 개미에 기생하는 나비 중에서 가장 흔한 종이므로, 이용성이 가장 높다. 아직 증식방법이 세밀히 밝혀져 있지 않으나, 곤충 전시장에서 개미와 애벌레 세팅은 드물게 이루어지고 있다.							

바둑돌부전나비

학 명	*Taraka hamada* (H. Druce)		
목 명	Lepidoptera(나비목)	과 명	Lycaenidae(부전나비과)
국 명	바둑돌부전나비	별 칭	

성 충 형 태	날개편길이 24~30mm 정도. 날개는 윗면은 흑갈색이지만, 아랫면의 무늬가 비쳐 얼룩져 보인다. 아랫면은 백색 바탕에 큰 흑색 점무늬들이 바둑돌처럼 흩어져 있다. 수컷의 앞날개 가두리는 직선상이고, 날개 끝이 뾰족하나 암컷은 둥그름하다.

DNA 바코드 염기서열 정보	대표 개체 코드	L72	염기 서열 큐알코드	
	분석 개체수	3개체		
	서열차이	0~0.15%		

생태 정보	식성	육식성: 이대, 신이대의 일본납작진딧물(유충)
	생활사	1년 2~4회 발생. 5월 중순~10월까지 발생한다. 일본납작진딧물이 정착한 대나무류에 서식한다. 암컷은 잎 뒷면의 진딧물 떼 사이에 알을 한 개씩 낳는다. 서식처 주변에 머물며 높게 날거나 멀리 날아가지 않는다. 월동은 애벌레로 하는데, 자신이 토해낸 실로 텐트 모양의 막을 짠 후, 그 속에서 겨울을 난다. 국내에서 유일한 육식성 나비로 일본납작진딧물을 먹고, 성충은 이 진딧물의 분비물을 빨아먹는다.

분 포	국내	중부, 남부, 제주도, 울릉도	국외	일본, 중국, 대만, 동남아시아, 인도

고유성	토종곤충자원(아시아 고유종)

자원활용도	정서애완학습곤충

종충확보	분양		구매		채집	O	수입	

활용현황	• 전시이벤트용: 국내 유일의 포식성 나비로서 호기심을 불러 일으킬만 하다. 야외생태 연구는 일부 이루졌지만, 대량사육은 아직 실현되지 못했다. 먹이 진딧물이 붙은 채로 식물을 이용하는 것이 좋다.

진딧물 무리 속의 유충

유충

공작나비

학 명	*Aglais io* (Linnaeus)		
목 명	Lepidoptera(나비목)	과 명	Nymphalidae(네발나비과)
국 명	공작나비	별 칭	
성충형태	날개편길이 50~55mm 정도. 날개는 붉은 밤색이고, 앞, 뒷날개의 끝쪽으로 공작꼬리에 난 무늬처럼 화려한 눈알 무늬가 있다. 그 같은 무늬로 인하여 공작나비란 이름을 얻었다. 암컷은 수컷보다 크면서 날개의 바깥가장자리가 둥글다.		

DNA 바코드 염기서열 정보	대표 개체 코드	L516	염기 서열 큐알코드	
	분석 개체수	8개체		
	서열차이	0~0.46%		

생태정보	식성	식식성: 쐐기풀, 호프, 느릅나무 등(유충)
	생활사	1년 1회 발생. 나무 숲 주변의 양지바른 곳에서 살며 길가나 바위 위에 잘 앉는다. 암컷은 먹이식물의 잎 뒷면에 무더기로 알을 낳는다. 유충은 무리를 지어 산다. 성충으로 월동하는데, 나무 동공 같은 곳에서 한다.

분 포	국내	북부지방	국외	일본, 러시아 극동지역, 유라시아대륙북부, 유럽

고유성	토종곤충자원(유라시아 고유종)
자원활용도	정서애완학습곤충

종충확보	분양		구매		채집	○	수입	

활용현황	• 나비하우스용: 희귀종으로 알려져 있으며, 특이한 날개 무늬로 나비 애호가들이 좋아하는 종이다. 최근 대량 사육된 개체를 채집지에 다시 방사한 경험이 있다. 대량 사육 가능성이 높으며, 특이성만큼 나비하우스와 생태전시용 접목이 가능하다.

네발나비

학 명	*Polygonia c-aureum* (Linnaeus)		
목 명	Lepidoptera(나비목)	과 명	Nymphalidae(네발나비과)
국 명	네발나비	별 칭	남방씨-알붐나비
성 충 형 태	날개편길이 50~60㎜ 정도. 날개의 윗면은 전반적으로 표범무늬를 닮았다. 특히, 여름형은 황갈색 바탕에 흑색 점무늬가 있고, 가을형은 붉은색이 돈다. 아랫면 역시 여름형은 연한 황갈색 바탕에 갈색의 가는 줄무늬가 있으나, 가을형은 짙은 적갈색을 띠고, 월동한 개체들은 회갈색을 띤다. 날개의 바깥가장자리에는 깊은 굴곡들이 패여 여러 각을 이루고 있다. 뒷날개 아랫면 중앙에는 흰색으로 C자 무늬가 있는데 이 무늬로 인해 과거에는 남방씨-알붐나비라고도 불렀다.		

D N A 바 코 드 염기서열 정 보	대표 개체 코드	L115	염기 서열 큐알코드	
	분석 개체수	7개체		
	서열차이	0~0.83%		

생 태 정 보	식성	식식성: 환삼덩굴, 홉 등(유충)
	생활사	1년 2~4회 발생. 성충은 연중 나타나는데 낮은 산지의 계곡 주변부터 마을과 강가 등에 환삼덩굴이 생육하는 곳이면 볼 수 있는 아주 흔한 종이다. 나무진과 썩은 과일에도 잘 모인다. 유충은 환삼덩굴의 잎을 오므려 붙여 봉지처럼 만들고 그 안에서 먹이활동을 한다. 성충으로 월동한다.

분 포	국내	전국	국외	일본, 중국, 대만, 러시아 극동지역, 인도차이나 반도

고 유 성	토종곤충자원(아시아 고유종)					
자원활용도	정서애완학습곤충					
종충확보	분양		구매		채집	O	수입	

활용현황	• 나비온실용: 비교적 낮은 조도(300Lux)에서도 활발하며, 성충 수명이 길어 실내 나비생태원에 적합하다. 인공사료 및 계대사육법 체계가 확립되어 있다.

집을 짓고 사는 유충

유충

번데기

왕은점표범나비

학 명	*Argynnis nerippe* C. et Felder		
목 명	Lepidoptera(나비목)	과 명	Nymphalidae(네발나비과)
국 명	왕은점표범나비	별 칭	

성 충 형 태	날개편길이 70~80㎜ 정도. 날개 윗면은 황색 바탕에 흑색 점무늬와 줄무늬가 산재한다. 아랫면을 보면, 앞날개는 연한 황색, 뒷날개는 녹황색 바탕을 갖는다. 특히, 뒷날개 아랫면에 은백색의 타원형 점들로 화려하다. 뒷날개 아랫면에 가두리를 따라 줄점으로 배열된 은무늬들마다 가운데가 파인 M자 모양을 하여 다른 은줄표범나비류와 구별된다. 암컷은 수컷에 비해 훨씬 크고, 날개 끝에 흰색 삼각무늬를 가지며 날개 아랫면에 은백색 무늬가 뚜렷하다.

DNA 바코드 염기서열 정 보	대표 개체 코드	L962	염기 서열 큐알코드
	분석 개체수	4개체	
	서열차이	0~0.77%	

생 태 정 보	식성	식식성: 제비꽃류(유충)
	생활사	1년 1회 발생. 성충은 6~9월까지 활동한다. 숲 주변과 하천의 둑, 경작지 등의 초지에 산다. 매우 힘차게 날며, 다른 표범나비류에 비해 인기척에 민감하다. 가을에는 행동이 다소 느려지면서 흡밀 활동은 보다 활발해진다. 한여름에는 여름잠을 자고 가을에 다시 활동하는데, 이 때의 개체들은 대부분 암컷이다. 1령 애벌레 상태로 낙엽 사이에 들어가 겨울을 난다.

분 포	국내	전국에 국지적 분포 (잔존지역: 중북부, 서해 도서)	국외	일본, 중국(동부, 북부), 러시아 극동지역

고 유 성	토종곤충자원(동북아 고유종)

자원활용도	정서애완학습곤충

종충확보	분양	○	구매		채집		수입	

활용현황	• 생태관광용: 2000년대 이후 급속한 감소로 「야생생물 보호 및 관리에 관한 법률」에 따라 야생동식물 II급 종으로 지정, 보호되는 종이므로 허가 없이 채집하거나 사육할 수 없으니 유의해야 한다. 현재 일부 지자체에서는 현지보존과 복원을 통해 생태관광을 추진 중이다. 또한, 이 종의 서식지외 보존기관이 지정되어 사육되고 있으며, 현재 대량증식 연구가 진행 중에 있는 종이다.

작은멋쟁이나비

학 명	*Vanessa cardui* (Linnaeus)		
목 명	Lepidoptera(나비목)	과 명	Nymphalidae(네발나비과)
국 명	작은멋쟁이나비	별 칭	

성충형태	날개편길이 40~55㎜. 머리와 몸은 흑색에 황갈색 털로 덮여 있다. 날개는 등황색 바탕으로 앞날개의 중앙에 흑갈색 무늬들이 배열하고, 시정 쪽은 흑갈색이 폭넓고 그 안에 백색 무늬들이 나 있다. 뒷날개의 외횡선은 흑갈색이며 아외연과 외연을 따라 흑갈색의 점무늬가 배열한다. 날개 기부 쪽은 흑색을 머금은 황갈색이다. 날개 아랫면은 앞날개는 윗면과 비슷하지만, 뒷날개는 회백색 바탕에 황갈색과 흑갈색의 무늬들이 복잡하게 배열한다. 특히, 아외연을 따라 흑색과 황색으로 고리를 이루는 청색의 눈알무늬들이 배열한다.

DNA 바코드 염기서열 정보	대표 개체 코드	L2060	염기 서열 큐알코드
	분석 개체수	2개체	
	서열차이	0~0.15%	

생태정보	식성	식식성: 국화과의 떡쑥(유충)
	생활사	1년에 수차례 발생. 4월 초~11월까지 볼 수 있으며, 대체로 가을에 개체수가 많아진다. 평지나 산지뿐 아니라 도심에서도 잘 적응한다. 낮게 날지만, 한낮에는 민첩하며 인기척에 민감하다. 꽃에서 꿀을 즐겨 빨고 썩은 과일 등을 좋아하지 않는다. 암컷은 식초의 잎 윗면에 한 개씩 알을 낳는다. 성충으로 겨울을 나지만, 제주도에서는 애벌레로 보내는 경우도 알려져 있다. 외국에서는 이 종의 큰 무리가 아프리카에서 지중해를 넘어 유럽까지 장거리 이동하는 습성으로 유명하다.

분 포	국내	전국	국외	전 세계 각지

고유성	토종곤충자원(범세계 분포종)

자원활용도	정서애완학습곤충

종충확보	분양		구매		채집	○	수입	

활용현황	• 나비정원용: 빠르게 나는 습성이 있어 실내보다는 야외에 적합한 종으로 도심에 조성한 나비정원 등 야외 생태공간을 서식지로 조성하면 적응이 가능하다.

아랫면

58 암끝검은표범나비

학 명	*Argyreus hyperbius* (Linnaeus)		
목 명	Lepidoptera(나비목)	과 명	Nymphalidae(네발나비과)
국 명	암끝검은표범나비	별 칭	
성충형태	날개편길이 70~80㎜ 정도. 수컷의 날개 윗면은 다른 표범나비류와 같이 귤빛 바탕에 검은 점무늬가 퍼져 있다. 그러나 암컷의 앞날개는 끝쪽으로 절반쯤이 검게 그을린 듯 어두운 흑자색이 퍼져있고, 그 안에 넓게 흰색 띠무늬가 있다. 수컷의 앞날개 아랫면은 날개 끝이 연한 녹색을 띠고 있고 은색 무늬가 몇 개 있으며 그 외에는 붉은 빛이 돈다. 반면에 뒷날개 아랫면에는 은색과 연녹색무늬 및 검은줄 모양의 무늬가 어우러져 있다.		

DNA바코드염기서열정보	대표 개체 코드	9168	염기서열큐알코드
	분석 개체수	3개체	
	서열차이	0%	

생태정보	식성	식식성: 제비꽃류(원예종 팬지인 삼색제비꽃도 가능) (유충)
	생활사	1년 3~4회 발생. 성충은 2~11월에 걸쳐 낮은 산지의 밭 주변과 초지뿐 아니라 도시의 공터 등에서 산다. 지리적으로 제주도와 남부 도서지방이나 해안가 등이 서식지이지만 서해안을 따라 중부지방으로 북상하기도 한다. 암컷은 기주식물의 잎이나 그 주변의 풀, 바위 등에 알을 한 개씩 낳는다. 부화한 1령 유충 상태로 뿌리 부근에서 월동한다. 유충은 추위에 약하여 원 서식지역에서만 생존이 가능하다.

분포	국내	남부, 울릉도, 제주도	국외	동남아시아, 인도, 호주, 아프리카 동북부 등 열대와 아열대 지역

고유성	토종곤충자원(아시아, 아프리카, 호주 공동 분포종)						
자원활용도	정서애완학습곤충						
종충확보	분양		구매	○	채집	○	수입
활용현황	• 나비온실용 및 사육키트용: 1997년에 실내대량사육시스템이 연구된 바 있으며, 여러 곤충 시설에서 사육되어 나비생태원에서 전시에 이용되고 있다. 중대형이고, 암수의 다른 무늬로 인해 두 종을 전시하는 이중 효과를 거둘 수 있다. 천천히 날며, 사람을 무서워하지 않아 가까이서도 관찰이 용이하다. 사육법은 산업곤충사육기준 및 규격(II)(2004)에 수록되어 있다.						

수컷

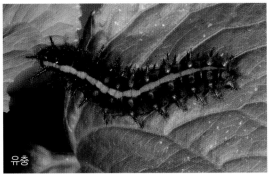

유충

암컷

59 산은줄표범나비

학 명	*Argynnis zenobia* Leech		
목 명	Lepidoptera(나비목)	과 명	Nymphalidae(네발나비과)
국 명	산은줄표범나비	별 칭	
성충형태	날개편길이 60~80㎜. 날개 윗면은 노란 갈색(수컷)이거나 녹색기가 있는 암갈색(암컷)이고 흑갈색의 표범무늬가 많이 있다. 날개 아랫면은 색이 연하고 날개의 끝은 약간 녹색을 띠는데, 뒷날개는 광택나는 암녹색에 흰색 줄무늬로 분절시켜 그물모양의 무늬를 만든다.		

DNA 바코드 염기서열 정보	대표 개체 코드	L2083	염기 서열 큐알코드	
	분석 개체수	2개체		
	서열차이	0~0.3%		

생태정보	식성	식식성: 제비꽃(유충)
	생활사	1년 1회 발생. 보통 6월 말~9월 초에 성충이 출현하고, 산지에 서식한다. 암컷은 8월 초 무렵 먹이식물 부근의 나무껍질이나 돌 위에 알을 하나씩 붙여둔다. 깨어난 애벌레는 아무것도 먹지 않고 1령의 상태로 바로 월동을 한다. 이듬해부터 성장하는 유충은 주로 밤에 먹이 식물을 먹는다.

분 포	국내	중북부(경북 이북의 산지)	국외	중국(서남부~동북부), 러시아 극동지역

고 유 성	토종곤충자원(동북아 고유종)					
자원활용도	정서애완학습곤충					

종충확보	분양		구매		채집	○	수입	

활용현황	• 나비하우스용: 산은줄표범나비는 희귀종처럼 알려져 있으나, 사육을 하면 휴면을 타파하여 지속적으로 사육이 가능한 나비로 최근 연구자들에 의해 알려졌다. 다른 표범나비류와 달리 녹색의 느낌이 강해 특이한 호기심을 자아낸다.

홍줄나비

학 명	*Seokia pratti* (Leech)		
목 명	Lepidoptera(나비목)	과 명	Nymphalidae(네발나비과)
국 명	홍줄나비	별 칭	
성 충 형 태	날개편길이 55㎜ 정도. 날개의 윗면은 흑갈색 바탕에 가장자리 안쪽을 따라 붉은 무늬 줄이 있고, 더 안쪽에 흰 점무늬가 굵고 불규칙적으로 배열되어 있다. 아주 바깥쪽 가장자리를 따라 연한색의 얼룩 무늬줄이 2개 있다. 날개 밑면은 윗면보다 연한 갈색인데, 윗면과 비슷한 무늬들이 보다 선명하게 도드라져 있다. 암컷은 수컷보다 크면서 연한 바탕의 날개에 흰점 무늬 폭이 더 넓어 구별된다.		

DNA 바코드 염기서열 정보	대표 개체 코드	L2185	염기 서열 큐알코드	
	분석 개체수	2개체		
	서열차이	0%		

생 태 정 보	식성	식식성: 잣나무(유충)
	생활사	1년 1회 발생. 성충은 6월 말~8월 초에 볼 수 있다. 알에서 부화한 애벌레는 알껍데기를 먹으며, 입에서 내놓은 실을 따라서 이동한다. 주로 해질 무렵에 섭식활동을 한다. 애벌레는 5령까지이나, 3령 애벌레로 월동을 한다.

분 포	국내	중북부(오대산 등 강원일부)	국외	중국, 러시아 극동지역

고 유 성	토종곤충자원(동북아 고유종)			

자원활용도	정서애완학습곤충							

종충확보	분양		구매		채집	○	수입	

활용현황	• 나비하우스용: 홍줄나비는 보통 1회 발생하는 희귀한 나비로 알고 있으나, 일정 온도 이상에서 사육을 하면 휴면이 깨지고 지속적으로 사육이 가능한 나비로 최근 알려졌다. 침엽수 잎를 먹는 특이한 습성과 화려한 날개는 전시용으로 자격이 충분하다.

일본왕개미

학 명	*Camponotus japonicus* Mayr		
목 명	Hymenoptera(벌목)	과 명	Formicidae(개미과)
국 명	일본왕개미	별 칭	

성 충 형 태	몸길이 7~13㎜(일개미), 17㎜(여왕개미), 11㎜ 정도(수개미). 일개미의 몸은 흑색으로 개미 중에서 대형이다. 머리는 타원형이고, 병정개미의 뒷머리의 양 옆이 모가 졌고 뒷모서리와 옆모서리는 거의 직선에 가깝다. 홑눈은 없고 머리방패의 앞모서리는 다소 둥글고 중앙이 돌출하였다. 배자루는 비늘조각 모양이고 위쪽 언저리는 다소 둔하다. 큰 개체는 작은 개체보다 머리와 가슴이 잘 발달하였다. 여왕개미는 가슴이 발달했고 결혼비행 직후까지는 날개를 가지고 있다. 숫개미는 몸이 좁고 길며 머리는 둥글고 홑눈과 겹눈이 크다.

D N A 바 코 드 염기서열 정 보	대표 개체 코드	6547	염기 서열 큐알코드	
	분석 개체수	1개체		
	서열차이	0%		

생 태 정 보	식성	잡식성: 다양한 동물질과 식물질
	생활사	성충은 4~10월까지 보인다. 전국에 흔하게 있는 종으로, 비교적 건조한 풀밭에 많고 여러 가지 꽃과 식물에서 볼 수 있다. 돌, 풀, 수목류 밑에서 사는데, 10마리 이하인 것부터 수백마리 이상인 것까지 있다. 가을에는 나무의 뿌리 밑으로 모여 들며 주변에 나무가 없으면 땅 속으로 들어가고 10월 경에는 땅 속 1.3m까지 들어간 경우도 관찰된다. 여러 가지 꽃에 있는 진딧물을 보호해 주고 감로를 보상으로 받는다.

분 포	국내	전국	국외	일본, 중국, 동남아시아

고 유 성	토종곤충자원(아시아 고유종)

자원활용도	정서애완학습곤충, 식용곤충

종충확보	분양		구매	○	채집	○	수입	

활용현황	• 애완용키트: 일본왕개미와 젤리집을 한 세트로 하여 개발된 사육장치가 판매되고 있다. 해외에서는 아주 다양한 개미 종들에 대한 사육장치가 개발되어 개미마니아의 수요를 충족하고 있지만, 국내는 아직 소수의 동호인들만이 활동 중에 있다. • 식용: 우리나라에서는 중국처럼 개미를 요리해 먹은 기록을 아직 찾지 못했다. 하지만, 일본왕개미, 곰개미 등의 일개미를 잡아 배끝을 빨아서 시큼한 개미산을 맛보는 습성은 있었다. 그 양이 적어도 왕개미류와 곰개미류는 가장 강력한 개미산을 보유하고 있다.

날개달린 여왕개미

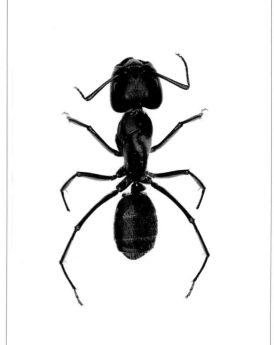

62 황닷거미 📖

학 명	*Dolomedes sulfureus* L. Koch		
목 명	Araneae(거미목)	과 명	Pisauridae(닷거미과)
국 명	황닷거미	별 칭	

성 충 형 태	몸길이 23~24㎜(암컷), 약 20㎜(수컷). 몸이 전체적으로 긴 편으로 머리가슴과 배의 폭이 비슷한 종류로 전반적으로 황갈색을 띤다. 배갑(등딱지)은 개체에 따라 중앙에 회갈색 세로무늬가 나타난다. 다리는 크고 센털이 듬성듬성 나 있다. 배는 검은 무늬가 희미하게 있거나 또는 뚜렷한 경우 등 개체 변이가 크다. 수컷의 몸은 암컷보다 작고 다리가 길다.

D N A 바 코 드 염기서열 정 보	대표 개체 코드	8514	염기 서열 큐알코드	
	분석 개체수	8개체		
	서열차이	0~2.05%		

생 태 정 보	식성	포식성: 곤충이나 올챙이, 작은 물고기 등
	생활사	떠돌이 거미이다. 풀숲 사이나 물가에서 작은 곤충뿐 아니라 물고기까지 잡아먹는다. 6~9월에 성체가 되어 짝짓기를 하고, 알은 공모양의 알주머니 상태로 암컷이 입에 물고 다닌다. 보통 알집 내에서 1~2주 정도 지나면 부화되고, 다시 2주 정도 지나면 어린 거미가 탈피하여 알집에서 나온다.

분 포	국내	전국	국외	일본

고 유 성	토종곤충자원(동북아 고유종)

자원활용도	정서애완학습곤충

종충확보	분양		구매	○	채집	○	수입	

활용현황	• 애완 또는 전시세트용: 국내 거미 중에서 선호하는 종으로, 거미사육가의 사육을 통하거나 야외 채집을 통해서 인터넷 장터와 매장에서 판매된다.

63

아기늪서성거미

학 명	*Pisaura lama* Bösenberg et Strand		
목 명	Araneae(거미목)	과 명	Pisauridae(닷거미과)
국 명	아기늪서성거미	별 칭	

성 충 형 태	몸길이 수컷 8~9㎜, 암컷 10~13㎜. 배갑(등딱지)은 황갈색으로 중앙에 황색의 세로줄 무늬가 있다. 두부의 양 옆은 다소 돌출하여 각을 이루고 있다. 다리는 길고 갈색이다. 배는 긴 타원형으로 끝이 다소 뾰족하다. 등면에 연결된 빗살무늬가 다수 있다. 생김이 매우 유사한 종으로 닻표늪서성거미가 있다.

D N A 바 코 드 염기서열 정 보	대표 개체 코드	JN817195(NCBI)	염기 서열 큐알코드	
	분석 개체수	0		
	서열차이	0%		

생 태 정 보	식성	포식성: 소형의 모든 곤충 및 소형의 동물들
	생활사	떠돌이 거미로 낮은 나무숲과 풀밭이나 연못 가장자리를 돌아다니며 먹이 사냥을 한다. 4~9월까지 활동하며, 5~7월에 성장과 짝짓기가 이루어진다. 짝짓기를 위해 수컷이 암컷에게 먹이를 주는 습성이 있다. 암컷은 5~6월에 알을 낳는데, 알주머니를 위턱으로 물고 다닌다. 알주머니에는 80~130개의 알이 들어 있다.

분 포	국내	전국	국외	일본, 중국, 러시아

고 유 성	토종곤충자원(동북아 고유종)

자원활용도	정서애완학습곤충

종충확보	분양		구매	○	채집	○	수입	

활용현황	• 애완 또는 전시 세트용: 국내 거미 중에서 선호하는 종으로, 거미사육가의 사육을 통하거나 야외 채집을 통해서 인터넷 장터와 매장에서 판매된다.

알주머니 문 모습

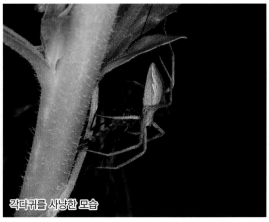

각다귀를 사냥한 모습

64

물거미

학 명	*Argyroneta aquatica* Clerck		
목 명	Araneae(거미목)	과 명	Cybaeidae(물거미과)
국 명	물거미	별 칭	

성 충 형 태	몸길이 9~12㎜(수컷), 8~15㎜(암컷). 배갑(등딱지)은 황갈색이거나 적갈색이고, 배는 전체적으로 연갈색을 띤다. 머리가 다소 솟아 있고, 한가운데 선과 그 양측에 검은 센털이 줄지어 나있다. 다리는 황갈색을 띠며 검은 털이 밀집되어 나 있다.

D N A 바 코 드 염기서열 정 보	대표 개체 코드	15381	염기 서열 큐알코드	
	분석 개체수	1개체		
	서열차이	0%		

생 태 정 보	식성	포식성: 실지렁이, 깔다구, 장구벌레, 실잠자리 애벌레 등
	생활사	국내에서 물속에 사는 유일한 거미이다. 호흡하기 위하여 수면에서 공기주머니를 만들며, 물속의 수초 줄기나 뿌리에서는 더 큰 공기주머니집을 만들고, 그 속에서 먹이를 먹거나 허물벗기, 짝짓기, 알낳기를 한다. 물속에서 유영을 잘 못해서 이동할 때는 수면과 지면 사이에 쳐 놓은 거미줄이나 수포를 타고 오르내린다. 짝짓기는 7~8월에 하며, 짝짓기 후는 암수가 같이 생활한다. 공기주머니집의 위쪽은 알을 낳아 보호하는 육아방으로, 아래쪽은 암수가 머무는 공간으로 이용한다. 알은 약 50개 정도 낳고 유체들은 7회 정도 허물을 벗으며 성체가 된다.

분 포	국내	경기도 연천	국외	구북구

고 유 성	토종곤충자원(유라시아 고유종)

자원활용도	정서애완학습곤충

종충확보	분양		구매		채집	○	수입	

활용현황	• 전시이벤트용: 물거미는 거미 중에서 물 속에서 생활하는 수서거미로, 그 생태가 매우 희귀해서 호기심을 자아내는 종으로 생태전시용으로 가치가 크다. 물거미의 간단한 생태 연구는 되었으나, 대량증식 연구는 아직 진행되지 못했다. 현재 「야생생물 보호 및 관리에 관한 법률」에 따라 야생 동식물 II급 종과 그의 서식지인 연천 물거미서식지가 천연기념물로서 보호받고 있다. 따라서 향후 연구와 사육을 위한 종충확보 등은 허가를 받고 수행되어야 한다.

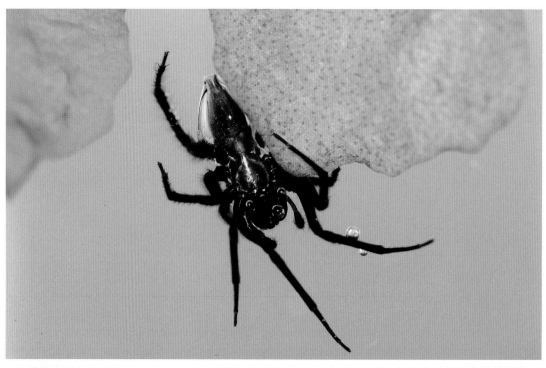

2-8

예술품 장식으로
쓰이는 곤충

01 비단벌레

비단벌레

학 명	*Chrysochroa coreana* Han et Park		
목 명	Coleoptera(딱정벌레목)	과 명	Buprestidae(비단벌레과)
국 명	비단벌레	별 칭	
성 충 형 태	몸길이 25~40mm 정도. 몸은 초록색 광택이 나며 앞가슴등과 딱지날개에는 붉은색 줄무늬가 있다. 머리의 중앙은 오목하고 거칠고 큰 점각이 있고 더듬이는 톱니모양이다. 겹눈은 암갈색이다. 배의 제 5배판 뒷가두리가 수컷에서는 깊이 패여 들어가고 암컷에서는 활모양으로 되어 있다.		

DNA 바코드 염기서열 정보	대표 개체 코드	2098	염기 서열 큐알코드	
	분석 개체수	1개체		
	서열차이	0%		

생 태 정 보	식성	식식성: 팽나무, 벚나무, 느티나무 등의 노쇠한 나무의 목질부(유충)
	생활사	성충은 6~8월 사이에 나오고, 나무의 꼭대기에서 잘 날아다닌다. 특히, 팽나무, 느티나무, 왕벚나무의 군락지에서 발견된다. 남부의 도서지방과 해안을 중심으로 주로 관찰되고, 유충 시기는 약 2~4년으로 추정된다.

분 포	국내	중부이남(주로 남부해안림)	국외	
고 유 성	토종곤충자원(한국 고유종)			
자원활용도	장식용곤충, 정서애완학습곤충			

종충확보	분양		구매		채집	○	수입	

활용현황	• 장식용: 삼국시대 장식용으로 이용되던 역사 깊은 곤충이다. 문화재청의 천연기념물이면서 「야생생물 보호 및 관리에 관한 법률」에 따라 야생동식물 II급 종으로 지정, 보호되는 종이므로 허가 없이 채집하거나 사육할 수 없으니 유의해야 한다. 지자체에서 생태관광 및 대량사육을 통한 지역특산품 관련 자원개발 노력이 시도된 바 있었다. 우리나라 집단과 일본과 타이완 집단이 외형상 비슷하지만, 그들과 다른 종이므로 외래산 생체 도입 등은 유의해야 한다.

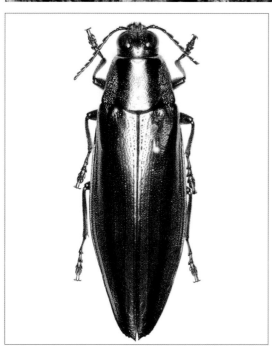

03

부록

01 수록된 산업곤충의 분류학적 종 목록

- Insecta(곤충강)

- Odonata(잠자리목)

  Coenagrionidae(실잠자리과)

    Ceriagrion melanurum Selys 노란실잠자리

  Aeshnidae(왕잠자리과)

    Anax parthenope julius Brauer 왕잠자리

  Libellulidae(잠자리과)

    Nannophya pygmaea Ramber 꼬마잠자리

- Dictyoptera(바퀴목)

  Blattidae(왕바퀴과)

    Periplaneta americana (Linnaeus) 이질바퀴(미국바퀴)

  Blattellidae(바퀴과)

    Blattela germanica (Linnaeus) 바퀴

  Mantidae(사마귀과)

    Hierodula patellifera (Audinet-Serville) 넓적배사마귀

    Statilia maculata (Thunberg) 좀사마귀

    Tenodera angustipennis Saussure 사마귀

    Tenodera aridifolia (Stall) 왕사마귀

  Rhinotermitidae(흰개미과)

    Reticulitermes speratus kyushuensis Morimoto 흰개미

- Dermaptera(집게벌레목)

  Labiduridae(큰집게벌레과)

    Labidura riparia japonica (De Haan) 큰집게벌레

• Orthoptera(메뚜기목)

   Tettigoniidae(여치과)

      Elimaea fallax Bey-Bienko 큰실베짱이

      Gampsocleis sedakovii obscura (Walker) 여치

      Phaneroptera falcata (Poda) 실베짱이

      Phaneroptera nigroantennata Brunner von Wattenwyl 검은다리실베짱이

      Tettigonia ussuriana Uvarov 중베짱이

   Gryllidae(귀뚜라미과)

      Gryllus bimaculatus De Geer 쌍별귀뚜라미

      Meloimorpha japonica (De Haan) 방울벌레

      Teleogryllus emma (Ohmachi et Matsuura) 왕귀뚜라미

   Gryllotalpidae(땅강아지과)

      Gryllotalpa orientalis Burmeister 땅강아지

   Acrididae(메뚜기과)

      Acrida cinerea (Thunberg) 방아깨비

      Oxya chinensis sinuosa Mistshenko 우리벼메뚜기

      Locusta migratoria (Linnaeus) 풀무치

• Phasmida(대벌레목)

   Phasmatidae(대벌레과)

      Ramulus irregulariterdentatus (Brunner von Wattenwyl) 대벌레

• Hemiptera(노린재목)

   Nepidae(장구애비과)

      Laccotrephes japonensis Scott 장구애비

      Ranatra chinensis Mayr 게아재비

   Belostomatidae(물장군과)

      Appasus japonicus (Vuillefroy) 물자라

   Naucoridae(물둥구리과)

      Ilyocoris exclamationis (Scott) 물둥구리

   Notonectidae(송장헤엄치게과)

      Notonecta triguttata Motschulsky 송장헤엄치게

Miridae(장님노린재과)

    Nesidiocoris tenuis (Reuter) 담배장님노린재

Anthocoridae(꽃노린재과)

    Orius laevigatus (Fieber) 미끌애꽃노린재

Reduviidae(침노린재과)

    Sphedanolestes impressicollis (Stål) 다리무늬침노린재

Lygaeidae(긴노린재과)

    Geocoris pallidipennis (Costa) 참딱부리긴노린재

Scutelleridae(광대노린재과)

    Poecilocoris lewisi (Distant) 광대노린재

Pentatomidae(노린재과)

    Nezara antennata Scott 풀색노린재

Cicadidae(매미과)

    Cryptotympana atrata (Fabricius) 말매미

    Hyalessa maculacollis (Motschulsky) 참매미

    Meimuna kuroiwae Matsumura 애매미

Aphididae(진딧물과)

    Schlechtendalia chinensis (Bell) 오배자면충

Coccidae(밀깍지벌레과)

    Ericerus pela (Chavannes) 쥐똥밀깍지벌레

• Neuroptera(풀잠자리목)

Hemerobiidae(뱀잠자리붙이과)

    Micromus angulatus (Stephens) 갈고리뱀잠자리붙이

Chrysopidae(풀잠자리과)

    Chrysoperla nipponensis (Okamoto) 일본풀잠자리

Myrmeleontidae(명주잠자리과)

    Distoleon nigricans (Okamoto) 알락명주잠자리

• Coleoptera(딱정벌레목)

Carabidae(딱정벌레과)

    Cicindela chinensis flammifera De Geer 길앞잡이

Coptolabrus jankowskii jankowskii Oberthur 멋쟁이딱정벌레

Pheropsophus jessoensis Morawitz 폭탄먼지벌레

Dytiscidae(물방개과)

Cybister brevis Aube 검정물방개

Cybister japonicus Sharp 물방개

Cybister lewisianus Sharp 동쪽애물방개

Hydrophilidae(물땡땡이과)

Hydrophilus acuminatus Motschulsky 물땡땡이

Lucanidae(사슴벌레과)

Dorcus titanus castanicolor Motschulsky 넓적사슴벌레

Dorcus hopei (E. Saunders) 왕사슴벌레

Prosopocoilus blanchardi (Parry) 두점박이사슴벌레

Scarabaeidae(소똥구리과)

Scarabaeus typhon (Fischer von Waldheim) 왕소똥구리

Copris ochus Motschulsky 뿔소똥구리

Copris tripartitus Waterhouse 애기뿔소똥구리

Onthophagus lenzii Harold 렌지소똥풍뎅이

Aphodidae(똥풍뎅이과)

Aphodius elegans Allibert 큰점박이똥풍뎅이

Dynastidae(장수풍뎅이과)

Allomyrina dichotoma (Linnaeus) 장수풍뎅이

Eophileurus chinensis (Faldermann) 외뿔장수풍뎅이

Melolonthidae(검정풍뎅이과)

Holotrichia diomphalia (Bates) 참검정풍뎅이

Cetoniidae(꽃무지과)

Dicranocephalus adamsi Pascoe 사슴풍뎅이

Protaetia mandschuriensis (Schürhoff) 만주점박이꽃무지

Protaetia brevitarsis seulensis (Kolbe) 흰점박이꽃무지

Protaetia orientalis submarmorea (Burmeister) 점박이꽃무지

Buprestidae(비단벌레과)

Chrysochroa coreana Han et Park 비단벌레

Lampyridae(반딧불이과)

Luciola lateralis Motschulsky 애반딧불이

Lychnuris rufa (Olivier) 늦반딧불이

Coccinellidae(무당벌레과)

Coccinella septempunctata Linnaeus 칠성무당벌레

Harmonia axyridis (Pallas) 무당벌레

Propylea japonica (Thunberg) 꼬마남생이무당벌레

Illeis koebelei Timberlake 노랑무당벌레

Tenebrionidae(거저리과)

Alphitobius diaperinus (Panzer) 외미거저리

Tenebrio molitor Linnaeus 갈색거저리

Zophobas atratus Fabricius 아메리카왕거저리

Meloidae(가뢰과)

Meloe auriculatus Marseul 애남가뢰

Lytta caraganae (Pallas) 청가뢰

Cerambycidae(하늘소과)

Apriona germari (Hope) 뽕나무하늘소

Psacothea hilaris (Pascoe) 울도하늘소

• Hymenoptera(벌목)

Pteromalidae(금좀벌과)

Muscidifurax raptor Girault and Sanders 배노랑파리금좀벌

Aphelinidae(면충좀벌과)

Encarsia formosa Gahan 온실가루이좀벌

Eretmocerus eremicus Rose et Zolnerowich 황온좀벌

Eulophidae(좀벌과)

Diglyphus isaea (Walker) 굴파리좀벌

Braconidae(고치벌과)

Dacnusa sibirica Telenga 굴파리고치벌

Meteorus pulchricornis (Wesmael) 예쁜가는배고치벌

Aphidius colemani (Viereck) 콜레마니진디벌

Bethylidae(침벌과)

Sclerodermus harmandi (Buysson) 개미침벌

Formicidae(개미과)

Camponotus japonicus Mayr 일본왕개미

Vespidae(말벌과)

    Vespa simillima simillima Smith 털보말벌

    Vespula flaviceps (Smith) 땅벌

    Vespula koreensis koreenis Radoszkowski 참땅벌

Megachilidae(가위벌과)

    Osmia cornifrons Radoszkowski 머리뿔가위벌

    Osmia pedicornis Cockerell 뿔가위벌

    Osmia taurus Smith 붉은뿔가위벌

Apidae(꿀벌과)

    Bombus ardens Smith 좀뒤영벌

    Bombus hypocrita sapporoensis Cockerell 삽포로뒤영벌

    Bombus terrestris (Linnaeus) 서양뒤영벌

    Bombus ignitus Smith 호박벌

    Apis mellifera Linnaeus 양봉꿀벌(서양종꿀벌)

    Apis cerana Fabricius 재래꿀벌(동양종꿀벌)

• Diptera(**파리목**)

Cecidomyiidae(혹파리과)

    Aphidoletes aphidimyza (Rondani) 진디혹파리

Tabanidae(등에과)

    Tabanus chrysurus Loew 왕소등에

    Tabanus trigonus Coquillett 소등에

Stratiomyidae(동애등에과)

    Hermetia illucens (Linnaeus) 아메리카동애등에

Syrphidae(꽃등에과)

    Episyrphus balteatus (De Geer) 호리꽃등에

    Eristalis cerealis Fabricius 배짧은꽃등에

Calliphoridae(검정파리과)

    Chrysomyia megacephala (Fabricius) 검정뺨금파리

    Lucilia illustris (Meigen) 연두금파리

    Phaenicia sericata (Meigen) 구리금파리

Muscidae(집파리과)

    Musca domestica (Linnaeus) 집파리

- Lepidoptera(나비목)

  Pyralidae(명나방과)

  　　　Galleria mellonella (Linnaeus) 꿀벌부채명나방

  Bombycidae(누에나방과)

  　　　Bombyx mandarina (Moore) 멧누에나방

  　　　Bombyx mori (Linnaeus) 누에나방

  Saturniidae(산누에나방과)

  　　　Antheraea yamamai (Guérin-Méneville) 참나무산누에나방

  　　　Samia cynthia (Drury) 가중나무고치나방

  Sphingidae(박각시과)

  　　　Agrius convolvuli (Linnaeus) 박각시

  Papilionidae(호랑나비과)

  　　　Byasa alcinous (Klug) 사향제비나비

  　　　Papilio macilentus Janson 긴꼬리제비나비

  　　　Papilio maackii Ménétriès 산제비나비

  　　　Papilio bianor Cramer 제비나비

  　　　Papilio machaon Linnaeus 호랑나비

  　　　Parnassius stubbendorfii Ménétriès 모시나비

  　　　Parnassius bremeri Bremer 붉은점모시나비

  Pieridae(흰나비과)

  　　　Pieris rapae Linnaeus 배추흰나비

  　　　Pieris melete (Ménétriès) 큰줄흰나비

  　　　Eurema madarina (de l'Orza) 남방노랑나비

  Lycaenidae(부전나비과)

  　　　Cupido argiades (Pallas) 암먹부전나비

  　　　Lycaena dispar (Haworth) 큰주홍부전나비

  　　　Niphanda fusca (Bremer et Grey) 담흑부전나비

  　　　Zizeeria maha (Kollar) 남방부전나비

  　　　Taraka hamada (H. Druce) 바둑돌부전나비

  　　　Tongeia fischeri (Eversmann) 먹부전나비

  Nymphalidae(네발나비과)

  　　　Aglais io (Linnaeus) 공작나비

  　　　Argyreus hyperbius (Linnaeus) 암끝검은표범나비

Argynnis zenobia Leech 산은줄표범나비

Argynnis nerippe C. et Felder 왕은점표범나비

Polygonia c-aureum (Linnaeus) 네발나비

Seokia pratti (Leech) 홍줄나비

Vanessa cardui (Linnaeus) 작은멋쟁이나비

• Arachnida(거미강)

Mesostigmata(중기문진드기목)

Phytoseiidae(이리응애과)

Amblyseius swirskii Athias-Henriot 지중해이리응애

Neoseiulus californicus (McGregor) 사막이리응애

Phytoseiulus persimilis Athias-Henriot 칠레이리응애

Araneae(거미목)

Araneidae(왕거미과)

Araneus ventricosus (L. Koch) 산왕거미

Cybaeidae(물거미과)

Argyroneta aquatica Clerck 물거미

Nephilidae(무당거미과)

Nephila clavata L. Koch 무당거미

Pisauridae(닷거미과)

Dolomedes sulfureus L. Koch 황닷거미

Pisaura lama Bösenberg et Strand 아기늪서성거미

• Chilopoda(지네강)

Scolopendromorpha(왕지네목)

Scolopendridae(왕지네과)

Scolopendra subepinipes mutilans L. Koch 왕지네

곤충자원의 분류법

형태에서 DNA 바코드까지

02

자연계에 존재하는 동물은 140만종 이상이 알려져 있으며, 미생물적 크기의 작은 종류에서 고래와 같이 엄청난 크기를 가진 포유류에 이르기까지 참으로 다양하다. 이들 중 절지동물문에 속하는 곤충은 전체 동물의 약 75%에 해당하는 종 다양성을 가지고 있어, 종수로만 본다면 지구의 주인공이라 해도 과언이 아닐 정도이다. 이처럼 다양성이 높은 곤충을 이용하기 위해 먼저 해야 할 일은 이용하려고 하는 종의 실체를 정확히 파악하는 것이다. 하지만 실제로 곤충 종을 명확히 알아내기 어려운 점들이 많다. 그 이유는 종들 사이에서 형태적 유사성, 기주 특이성, 생태 특이성 등이 다양하게 얽혀 있을 뿐 아니라, 종 내에서는 개체 변이, 성적이형 같은 다양한 변이성이 존재하기 때문이다. 이처럼 종이란 원래 자연계에 실존하지만, 각각의 곤충 종을 정확히 인식하지 못하는 경우가 아직 많은 것이 사실이다.

1. 생물 종을 바라본 시각의 변화

과거에는 종은 변하지 않는다는 '종 불변설'을 믿었으며, 모든 생물은 자연적으로 발생한다는 '자연발생설'이 지배적인 시대가 있었다. 그 당시에는 종을 구분하는 데 가장 중요하게 사용되던 형태적 특징에서 연속성이 없으면 모두 다른 종으로 인식하였다. 쉽게 말해, 사슴벌레처럼 몸의 크기나 큰턱의 모양에서 성적이형이 있는 수컷과 암컷은 각기 다른 종으로 구분되었던 것이다. 그 후 한 종에서 나타나는 변이인 성적이형, 성장단계에 따른 모습의 변화 그리고 다형현상이 자연에서 매우 흔하게 관찰된다는 것을 깨달으면서 종에 대한 인식이 크게 변화되기 시작했다. 영국의 존 레이(1627~1705)는 종이란 '몇 대에 걸쳐 같은 특성을 계속하는 것'으로 당시보다 선구적인 정의를 하였다. 또한 다윈과 멘델시대를 거쳐, 1900년대에 들어와 집단 유전학을 통해 부모 형질이 자손에게 전달되는 기작이 재발견되었다. 이에 따라 종이란 하나의 독특한 유전자 풀(gene pool)로서, 그의 개체군이나 개체들은 동질의 유전자 풀을 공유하는 단위이며 세대를 이어 그 풀을 전달해 해당 종을 존속시키기 위한 존재로 인식하게 되었다. 이를 통해 종이란 집단들 사이에서 생식이 가능하고, 동질의 유전자 풀을 공유한 독특한 유전적 단위이면서, 생태계 안에서는 각각 독립적인 생태 단위로 역할을 한다는 개념으로 받아들였다(Mayr, 1963). 또 다른 측면에서 종이란 하나의 조상형과 자손형이 연결되는, 그들만이 갖는 규칙성과 경향을 갖고 다른 종들과는 분리되어 진화한 독립적 계보(lineage)라는 것이다(Simpson, 1961). 이러한 진화론적 종의 개념은 계통학적 종의 개념으로 발전하게 되면서 사람들이 생명과학의 발전과 더불어 생물 종을 인식하는 능력이 진보되어 왔다.

2. 통합적 분류의 도입

현재에도 많은 곤충분류학자들은 종의 분류와 동정을 위해서 형태, 생태, 행동학적 특징들에 대한 연구를 수행하고 있다. 이 중에서 가장 많이 이용하는 것은 형태형질에 관한 것으로, 1차적인 종 동정에서 매우 중요한 역할을 담당한다. 하지만 지금처럼 농업측면이나 산업측면에서 주로 쓰이는 육종과 대량사육에서 요구하는 개체군 수준의 정보는 형태분류만으로는 제한적일 수밖에 없다. 또한 계통분류학자들이 요구하는 상위 분류체계에 대한 계통수 재현에서 필요한 상동형질의 선별에도 많은 어려움이 따르고 있다.

표 1. 형태, 생태, 분자분류에서 장단점

	형태적 분류	생태적 분류	분자생물학적 분류
접근의 용이성	편리함 (기존 진단형질 이용으로 편리)	불편함 (장기 관찰 필요)	편리함 (미토콘드리아 유전자) 불편함 (대부분 핵 유전자)
소요 시간	대부분 짧음 (난분류군은 장기간)	대부분 길음	짧음(단일 유전자 분석) 길음(다중마커 분석)
난분류군에서 형질 선별	어렵거나 불가능함	어려움	상대적으로 쉬움
은밀종의 구분	어려움	부분적으로만 쉬움	쉬움
형질이용	비교적 쉬움 (단, 상동과 상사 구분이 어려울 수 있음)	쉬움	비교적 쉬움
표준화된 분류형질 설정	학자마다 이견이 큼	학자마다 이견이 큼	공통분모가 큼
알→성충 구분	어렵고 장시간 필요	쉽지만 시간 필요	매우 쉬움
개체군 정보	아종 수준 진단은 가능, 그 이하는 어려움	상대적으로 쉬움	유용한 마커 적용으로 쉬움

최근에 분류학적 방법이 다양해지는 이유 중 하나는 각각의 분류 접근법에 장단점이 존재하기 때문이다. 표 1에 간략히 정리한 것처럼 형태적 분류법은 관련문헌이 충분하고 표본만 수집되면 현미경하에서 가장 손쉽게 연구를 진행 할 수 있다. 하지만, 종 다양성이 높은 분류군, 특히 근연종들이 많은 분류군에서 형태 특징을 이용해 종 구분하는 일은 어려운 작업 중 하나이다(그림 1).

그림 1. 연노랑풍뎅이(A)와 등얼룩풍뎅이(B): 두 종은 근연관계로 형태적인 유사성이 매우 높다. 야외에서는 두 종에서 색상변이와 크기변이 등이 중복되어 구분을 더욱 어렵게 한다.

곤충처럼 알부터 성충까지 모습을 바꾸는(변태과정) 동물에서 전 생활사를 밝히는 데는 시간이 오래 걸린다. 또한 은밀종 및 생태종에 대해서는 형태 관찰이 한계를 보이고 있다. 생태학적 접근법은 각 생물 종들에서 생태적 지위의 미묘한 차이를 규명해 은밀종 및 생태종을 인식하는데 상당히 좋은 방법이다. 그러나 오랜 시간동안 생활사 단계를 관찰하고, 분석해야 하는 현실적인 장벽이 존재한다. 분자생물학적 접근법은 이러한 어려움을 해결할 수 있는 여러 가지 장점을 제공해 준다. 곤충은 각 생활사 단계마다 형태는 매우 다르지만 유전자들은 동일하기 때문에 성충에 대한 염기서열 정보만 알고 있다면, 알, 애벌레, 번데기도 쉽게 알아낼 수가 있다. 또한 염기 하나하나를 형질로 사용기 때문에 A, T, G, C 4개의 염기를 형질로 삼아 표준화된 종 동정의 틀을 만들 수 있다.

3. DNA 바코드를 이용한 분류

우리가 흔히 알고 있는 바코드는 상점에서 물건을 살 때 하나하나의 물건에 부여된 코드화된 정보들을 판독기로 읽어서 상품의 정보를 신속하고 편리하게 알 수 있게 해준다. 엄밀한 의미에서 이후 설명해야 할 DNA 바코드는 상품에 매겨진 바코드와는 차이가 있지만 생물 종을 표준적으로 신속하게 판별할 수 있다는 점에서는 같다.

1) DNA 바코드란?

DNA 바코드란 개념은 1990년 후반에 태동하기 시작하여 2003년에 본격적으로 그 모습을 세상에 드러내었다. 목적은 지구상에 존재하는 모든 생물 종에 대해서 표준적이고 객관적인 종 동정 시스템을 구축하자는 것으로, 각 생물 종들이 가지고 있는 유전자 염기서열 자체를 바코드처럼 사용하자는 것이다. 그렇다면 왜 DNA 염기서열을 바코드처럼 이용하고자 하였던 것일까? 가장 큰 이유는 형태학적 분류를 위주로 한 전통적인 분류법의 한계 때문이다. 자연계에 생물 종은 아직까지 알려지지 않은 종을 포함하여 천만 종에서 최대 1억 종이 넘을 것이라고 예상된다. 이처럼 많은 종을 지금의 형태분류학자들이 해결하기 위해서는 엄청난 인력과 시간이 필요하다(140만종 기재하는데 250년이 걸렸다). 특정 분류군의 전문가가 되기 위해서는 그 분류군에 대한 상당한 학문적 지식과 경험을 쌓아야 하며, 이를 위해서는 재원과 시간이 공급되어야 한다. 하지만, 지금의 사회적 요구는 보다 더 빨리 대량으로 많은 분류군에 대한 종 정보를 얻기 바라고 있다.

DNA 바코드 연구자들은 이러한 단점을 획기적으로 개선할 수 있는 대안으로 동물의 종동정에 미토콘드리아 DNA 중에서 사이토크롬 c 산화효소(cytochrome c oxidase subunit I, 이하 COI) 유전자의 전반부에 해당하는 658개의 염기서열을 이용하자고 제안하였다. COI 유전자를 선택한 이유는 여러 가지가 있으나, 요약하면 다음과 같다. 첫째, 미토콘드리아는 모계 유전으로 핵 유전자에서 일어나는 재조합 현상이 없다. 둘째, 미토콘드리아는 세포내 소기관으로 1개의 세포 안에 1,000~2,000여 개가 존재한다. 이는 PCR기법을 통해 손쉽게 증폭되어 염기서열을 쉽게 얻을 수 있다는 장점이 있다. 셋째, COI 유전자는 단백질 코딩 유전자로 핵 유전자와 같이 인트론이 존재하지 않아 추가적인 데이터 가공을 필요로 하지 않는다. 넷째, COI 유전자의 진화 속도는 종내 변이수준과 종간 변이 수준이 뚜렷하게 나타나 종을 구분하기 용이한 기준을 제공한다. 다섯째, 658 bp 길이에 대한 다형성은 658^4=187,457,825,296으로 지구상에 잠재적으로 존재할 것으로 생각되는 1억 종까지 구분

짓는데 충분하다는 것이다. 이로써, 수많은 유전자 중 COI이라고 하는 유전자의 짧은 염기서열을 DNA 바코드라 하여 사용하고 있다.

2) DNA 바코드에 의한 활용성 논란

　　DNA 바코드 창시자들은 초기에 DNA 바코드 정보가 표준적인 생물 종 동정에 유용할 뿐 아니라, 넓게는 계통 분석과 개체군 분석에도 유용한 정보를 제공해 줄 것이라고 주장하였다. 하지만 이러한 주장은 2004~2007년까지 상당한 찬반 논쟁의 소용돌이에 휩싸이게 되었다. 주로 상위 분류체계에 관심을 갖는 계통진화학자들이 DNA 바코드가 계통분석에는 쓸모가 없다는 주장을 펼치며 극심하게 반대하였다. 그 이유는 염기서열의 변이성이 큰 COI 유전자의 특성상 다양한 생물종들간의 계통적 유연관계를 밝히기 위한 계통학적 신호(phylogenetic signal)가 너무 분산되어 있어, 속 이상의 상위 분류체계에서는 계통관계를 밝힐 수 없기 때문이다. 또한 개체군 분석에서는 종내 집단 간의 유전적 성향을 살펴 볼 수 있어야 하는데, COI 유전자는 진화적 역사가 짧은 분류군에서는 집단 간의 차이를 규명하기에 충분한 유전적 분화가 이루어지지 않았기 때문이다. 결과적으로 COI 유전자는 근연종들 사이에 이들이 비교적 뚜렷한 종내 변이와 종간 변이 수준의 염기서열 분화 차이라고 하는 '바코딩 갭(barcoding gap)'을 가짐으로서, 종의 동정(species identification)만을 위한 분자생물학적 기법으로 활용 범위가 좁혀지게 되었다(그림 2).

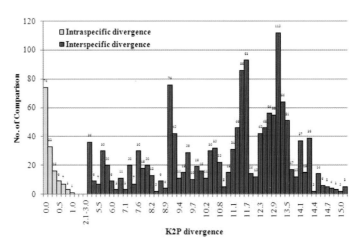

그림 2. 호랑나비과에서 보여주는 DNA 바코드의 종내 변이수준과 종간 변이 수준: 종내 분화율 0~1.0%, 종간 분화율은 2.1~15%로 나타났는데, 이들 사이의 유전적 갭을 '바코딩 갭'이라 하여 분자분류에서 종 동정의 중요한 척도로 쓰인다.

3) DNA 바코드 분석 방법

바코드 데이터를 얻기 위한 과정은 표본으로부터 DNA를 추출 → PCR → 전기영동 → 염기서열 분석 → 분석된 염기서열의 정렬 → 프로그램을 이용한 분화율 계산 및 NJ tree 작성 등 일련의 과정을 거친다(그림 3).

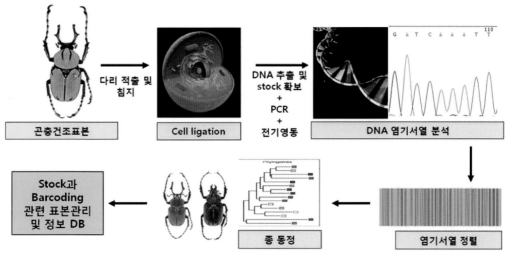

그림 3. DNA 바코드 분석 과정에 대한 모식도

가) 게놈 DNA(genomic DNA, G-DNA) 추출

DNA 바코드 염기서열을 얻으려면, 목표 종의 각 개체에서 G-DNA를 먼저 추출해야 한다. G-DNA를 추출하는 방법은 여러 가지가 있는데, 표본의 상태에 따라 분석법을 달리해야 한다. 요즘 널리 이용하고 있는 키트(kit) 사용을 전제로 한 G-DNA 추출법은 다음과 같다.

(1) DNA 바코드 분석을 위한 표본 채집 방법

DNA 바코드 분석뿐 아니라 특정 유전자에서 DNA의 염기서열을 분석하는데 가장 좋은 표본은 생체표본(fresh specimen)이다. 생체표본은 살아 있던 상태로 냉동 보존한 표본을 말한다. DNA 분석용으로 곤충을 채집할 때 표본들은 개체별로 각각의 용기에 보관하는 것이 좋다. 만일 여러 마리의 표본들을 한 용기에 살아 있는 채로 두면, 이들이 몸 밖으로 내는 여러 종류의 물질들로 인해 상대방의 오염된 DNA가 분석 될 수 있기 때문이다. 생체표본은 세포내 DNA들이 온전하게 보존되어 있으므로 PCR이나 클로닝과 같은 DNA 증폭에서

길이가 긴 염기서열을 얻는데 매우 효과적이다.

만일 곤충 표본들을 실험실로 가져 오는 도중에 죽게 될 경우, 그 표본의 조직내 세포에서는 분해물질을 분비하여 세포를 파괴하고, 체내 미생물들에 의해 부패하게 된다. 이 중에서 DNA 가수분해효소들은 DNA를 급속히 파괴하여 단편화 시킨다. 그러므로 DNA 바코드 분석용 채집을 할 때는 아이스박스를 이용해서 표본들을 실험실에서 냉동시키기 직전까지 임시 보관 할 수 있어야 한다. 아이스박스 안을 충분한 냉매로 유지시켜주면, 그 안에 넣은 생체표본들은 낮은 대사과정으로 3일 정도는 충분히 살려올 수 있다. 미처 아이스박스를 준비 하지 못하였다면, 표본들을 100% 알코올을 담은 개별 용기에 담아 냉동 보존하는 것도 한 가지 방법이다.

(2) 건조표본에서 DNA 추출 방법

건조표본은 곤충을 보관하는 방법으로 가장 널리 이용된다. 형태학적 분류에서 현미경 관찰과 증거표본의 장기보존용으로 제일 좋기 때문이다. 반면에 이러한 건조표본은 DNA 분석에 이용하기에는 많은 제한이 따른다. 이들이 표본으로 제작되는 과정이 죽은 후 진행되기 때문에 DNA 단편화가 진행되었기 때문이다. 또한 건조된 상태로 보존 년 수가 증가하면 온도 및 습도 변화가 많은 곳에서는 물리적, 화학적 요인에 의해 DNA들은 2차적인 단편화를 겪게 된다. 일반적으로 4~5년 지난 건조표본에서 658 bp 길이의 바코드 영역을 증폭해 보면, 생체표본에 비해 분석 성공률이 현저히 떨어진다. 10년 이상 보관된 건조표본에서는 1~3%내외의 성공률만을 보인다.

그러나 건조표본이 DNA 바코드를 이용한 종 인벤토리 구축에 매우 중요할 수밖에 없다. 우리나라에는 약 14,000여 종이 기록되었는데, 이들을 야외에서 채집하여 생체표본으로 확보하기는 현실적으로 어렵다. 또한 기록종 중 약 30%는 singleton species(한 개체의 완모 식표본만으로 기록된 종)이다. 이들에 대한 추가 기록도 거의 없으므로 채집하고 싶어도 채집을 할 수 없는 경우도 많다. 보다 더 중요한 것은 기록된 곤충 종들의 근거가 되는 모식표본(type specimen) 또는 확증표본(voucher specimen)의 DNA를 분석할 수 있다면, 그 종의 가장 정확한 유전자 수준의 분류정보가 될 수 있기 때문이다. 그럼에도 불구하고, 많은 박물관학자들은 장기 건조표본에 대한 DNA 분석을 달갑게 여기지 않아왔는데, 특히 모식표본을 많이 보관하고 있는 박물관일수록 더 그렇다. 그 이유는 기존의 DNA 추출방법은 표본 손상을 수반하기 때문이다. DNA 분석에 필요한 조직을 떼어낸 다음 파쇄 하여 G-DNA를 추출하기 때문에, 주로 곤충에서는 주로 다리를 떼어 이용한다. 이는 분류학자들의 표본 보관방법에 굉장한 거부감을 안겨주는 행위이기 때문이다.

최근에는 표본을 손상시키지 않고 DNA를 추출하는 방법이 제시되고 있다. 첫 번째는 대다수 곤충은 건조표본으로 만들어 질 때 곤충핀으로 고정을 하게 되는데, 곤충핀만 뽑아내고, 표본을 DNA 추출 버퍼에 담그면, 핀이 박혀있던 구멍을 통해 DNA 추출 버퍼가 표본 체내로 들어가면서 G-DNA가 녹아 추출되게 된다. 그리고 표본은 세척하여 다시 건조표본으로 원상 복원하는 것이다. 두 번째로 저자들이 주로 쓴 방법은 생체표본과 건조표본 모두에서 생식기관만을 적출하여 G-DNA 추출에 이용하는 것이다(Han 등, 2012). 이 방법은 외견상 표본의 손상을 보이지 않고, 추후 생식기 관찰이 용이한 장점이 있다. 다른 방법은 표본 전체를 DNA 추출 버퍼에 완전히 침지하여 12시간 이상 방치한 후 G-DNA를 추출하는 것이다. 이 방법은 몸이 연약한 하루살이류, 거미류 등에서는 표본의 일그러짐 현상이 일어날 수 있다. 하지만 증류수와 70%의 알코올을 번갈아 이용하여 저장액과 고장액 사이에서 나타나는 삼투현상을 이용하여 일그러짐을 복원한 후에 액침표본으로 제작하면 된다. 마지막으로 건조표본의 G-DNA는 추출과정에서도 물리적인 힘에 약하여 추가적인 손상이 일어나므로, 추출과정에서 볼텍싱(voltaxing)과 같은 물리적인 힘을 최소한으로 하는 것이 아주 중요하다.

(3) 알코올 보존 표본에서의 DNA 추출방법

알코올 보존 표본들은 실험 전에 반드시 증류수나, TAE 버퍼 또는 56℃ 정도의 온도에서 표본에 있는 알코올을 제거하고 이용해야 한다. 만일 알코올 성분이 함유된 채로 G-DNA 추출 단계로 들어가게 되면, 알코올은 지질, 탄수화물, 단백질 성분을 제거하는 여러 종류의 버퍼와 DNA의 중간 결합자가 되어 G-DNA를 회수하기 전 단계에서 모두 손실시키는 결과를 초래하기 때문이다.

(4) G-DNA 추출 후 보관

표본으로부터 정제해서 추출한 G-DNA는 -20℃에 냉동 보관하여 이용한다.

나) PCR에 의한 DNA 바코드 영역 증폭

DNA 바코드 분석 과정에서 가장 중요한 부분은 PCR이다. 생체표본을 이용한 방법과 건조표본을 이용한 방법으로 구분하여 PCR 분석법을 정리하였다.

(1) 생체표본의 PCR

생체표본을 이용한 곤충의 바코드 분석에서는 여러 종류의 프라이머세트를 이용한다. Folmer(1994)는 동물의 미토콘드리아 게놈을 분석 할 수 있게 유전자영역별로 유용한 프라이머 정보를 제공하였는데, 이 중에서 DNA 바코드 영역을 증폭하는 프라이머는 LCO1490와 HCO2198로, 현재 동물군에서 가장 폭 넓게 이용되고 있다. 프라이머가 상보적인 결합에 의해 주형 DNA에서 결합하는 자리를 프라이밍 사이트(Priming site)라고 하는데, 이 자리는 보존성이 높아 LCO1490/HCO2198 세트가 범용 프라이머(Universal primer)로써 다양한 동물군에서 사용 될 수 있게 한다. 그러나, 많은 곤충 종류(특히 깍지벌레류, 노린재류, 벌목 일부, 딱정벌레목 일부 등)에서는 범용프라이머 자리에서 유발된 돌연변이로 인해 프라이머가 상보적으로 결합하지 못해 PCR 자체가 안 되는 경우가 많다. 이에 대해서는 기존의 바코드 영역보다 약 200 bp가 더 긴 염기서열에 대한 프라이머세트(tRWF1/HCO2198)를 Park 등(2010)이 제시해서 어느 정도 문제를 해결 할 수 있다. 그럼에도 불구하고 가위벌 일부 종류, 하늘소류, 특히 사슴벌레류에서 앞에서 이야기한 두 가지 프라이머세트에 의해서도 PCR이 안되거나, 비특이적 영역이 증폭되어 바코드 분석에 장애가 된다. 이럴 경우에는 Simon(2006)이 제공한 COI 전체 영역에 대한 염기서열 분석 후에 범용프라이밍 사이트의 염기서열을 파악한 다음, 그 분류군에 맞는 새로운 프라이머세트를 디자인하여 적용해야 한다.

(2) 장기건조표본에서의 PCR 전략

장기 건조표본의 G-DNA는 생물학적, 화학적, 물리학적 기작에 의해 손상된 DNA들이다. 15년이 지난 건조표본의 DNA는 길이가 200 bp 이하로 단편화 된다는 보고가 있다. 그럼으로, 장기 건조표본의 G-DNA를 이용해서 658 bp의 길이를 목적으로 하는 범용프라이머 사용은 당연히 그 효용성이 없어지게 된다. 현재까지는 과 수준에서 적합한 특이프라이머를 제작하는 경우도 있으나, 이 역시 PCR 증폭 성공률은 50% 이하로 낮았다. 반면에 종 수

준에 대한 특이프라이머를 150~350 bp 길이로 다양하게 디자인하여 적용하면 90%이상의
PCR 증폭률과 염기서열 분석 성공률을 얻을 수 있다.(그림 4).

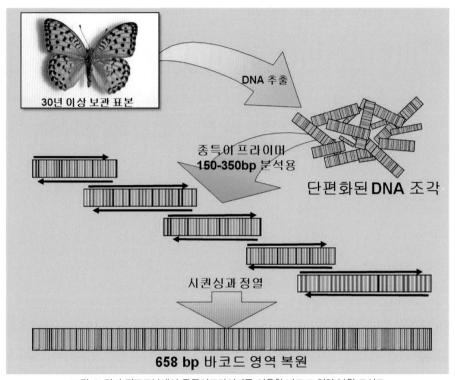

그림 4. 장기 건조표본에서 종특이프라이머를 이용한 바코드 영역 복원 모식도

(3) PCR 조건

　DNA 바코드 분석에 대한 표준적인 PCR 조건은 어떤 프라이머를 이용하여 증폭하느냐
에 따라 달라진다. 그 이유는 프라이머 종류가 달라지면 올리고서열을 구성하는 염기 종류
및 배열순서도 달라지는데, 이러한 조성의 변화는 프라이머가 프라이밍 사이트에 상보적으
로 결합할 수 있는 온도(annealing temperature, AT)를 변화시키기 때문이다. AT는 기
본이 52℃에서 1분이지만 분류군의 종류 및 G-DNA 질과 양에 따라 48℃에서 54℃까지
gradient PCR 테스트를 거쳐 가장 적합한 조건을 찾는 것도 필요하다. 장기 건조표본 분석
을 위한 특이프라이머들은 각기 다른 AT값을 가지게 되면 각 종에 대한 PCR을 여러번 해
야 하는 번거로움이 있기 때문에 디자인 당시에 일정한 AT값을 설정한 후 제작하여, 동일한

PCR 조건에서 실험 할 수 있도록 하는 것이 실험시간을 효과적으로 줄일 수 있는 중요한 작업이다.

다) DNA 바코드 영역에 대한 염기서열 분석

(1) 전기영동

아가로스 겔을 이용한 전기영동은 목표로 한 DNA 바코드 영역이 증폭되었는지 여부를 확인하는 과정이다. 간혹 비특이적인 밴드가 목표 단편이 아닌 다른 영역에서 확인되는 경우, AT값을 조절하여 다시 PCR을 수행하거나, nuclear mitochondrial pseudogene (numt)일 경우 다른 방법으로 PCR을 수행하여야 한다.

(2) DNA 바코드 영역 염기서열 분석

DNA 염기서열 분석은 PCR에 이용한 프라이머를 분석에 다시 사용하여 분석한다. 현재까지는 ABI사의 3730 xl 96-capillary DNA analyze가 많이 사용된다.

(3) DNA 바코드 염기서열 정렬

하나의 프라이머세트를 이용한 바코드 염기서열 분석으로 순방향(forward)과 역방향(reverse)에 대한 두 가닥의 염기서열을 확보 할 수 있다. 염기서열 분석을 양방향으로 하는 이유는 분석된 염기서열을 재확인 하는 동시에 분석된 서열이 깨끗하지 않고 부분적으로 멀티 피크를 나타내는 경우이지만 반대편 해당 부분의 염기서열이 깨끗한 결과를 보여주면 이를 참고로 올바르게 보정할 수 있기 때문이다. 이렇게 확보한 개체의 바코드 염기서열은 다른 개체들의 염기서열과 각 염기서열 위치를 정확히 맞춰주는 정렬(alignment)과정이 필요하다. 염기서열 정렬을 위한 프로그램은 웹상에서 다양한 종류를 쉽게 다운받아 쓸 수 있는데, MEGA 5.2프로그램을 주로 이용한다(그림 5).

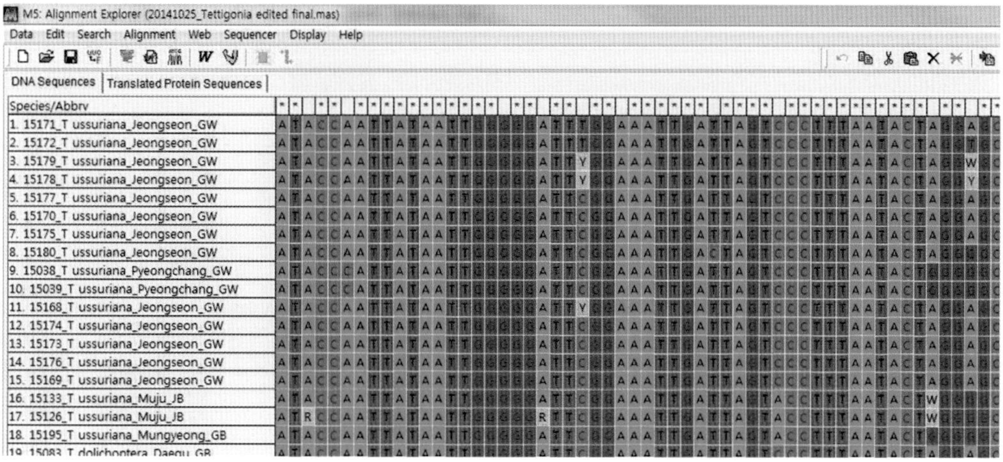

그림 5. 한국산 중베짱이류에 대한 DNA 바코드 염기서열 정렬 모습

라) DNA 바코드 데이터 분석

각 개체들에 대한 DNA 바코드 염기서열의 정렬을 마치게 되면 다양한 종들로 구성된 염기서열들이 하나의 데이터세트로 완성된다. DNA 바코드 분석에서는 종내 또는 종간 유전적 분화율과 이를 바탕으로 한 Neighbor-joining(NJ) tree를 구현시켜 동일 종 묶음을 형성하는지 또는 다른 별도의 종 묶음을 형성하는지 유무에 따라 종 동정을 하게 된다.

(1) 종 묶음 분지도 작성 방법

DNA 바코드 염기서열은 종 동정과 종간에서는 어느 정도의 유연관계를 살펴볼 수 있는 유용한 마커이다. 하지만, 속(genus) 이상에서는 계통관계를 해석할 수 없을 만큼 높은 빈도의 유전적 분화율을 가지므로, 속 이상의 다양한 종들이 하나의 데이터세트로 구성되어 분석한 NJ tree는 계통수라고 표현 할 수 없다. 그럼에도 불구하고, NJ tree를 이용하는 것은 유전적으로 유사도가 가장 높은 염기서열 끼리 동일한 가지에 표현해 줌으로써, 종판별에 도움을 주기 때문이다. 실례로, 국내 시판되고 있는 천적곤충 14종에 대한 DNA 바코드를 이용한 NJ tree(그림 6)는 각 종에 대해 뚜렷이 구별되는 별도의 종 묶음을 표현해 주고 있다. 이는 시각적으로 각 종 묶음에 포함되어 있는 각각의 개체들이 동일종인지 아닌지에 대한 정보를 알려주고 있다.

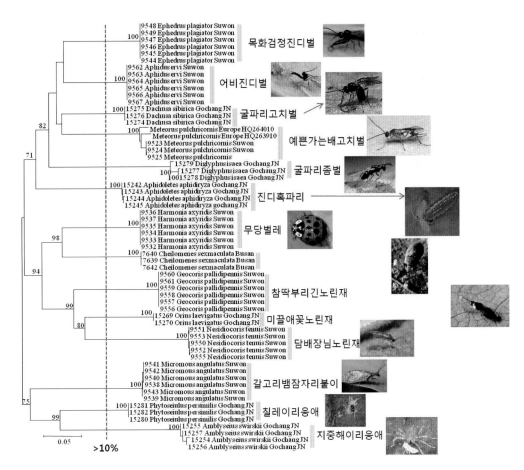

그림 6. 판매용 천적곤충 14종에 대한 DNA 바코드 염기서열을 이용한 NJ tree (미발표)

(2) 유전적 분화율 계산 방법

유전적 분화율은 658 bp 염기서열 내에서 각 개체에서 일어난 돌연변이 개수와 종류
를 분화율로 계산하게 된다. 주로 Kimura-2-parameter model을 기반으로 한 pairwise
distance 계산법이 쓰이며, 데이터 안에 있는 모든 염기서열에 대한 분화율을 보여줌으로써
종내, 종간, 속, 족, 과 등 다양한 분류군 수준에서도 유전적 분화율을 계산 할 수 있다.

```
File  Display  Average  Caption  Help
```

	1	2	3	4	5	6	7	8
1. 6474 Paratlanticus ussuriensis Hongcheon GW		0.0056	0.0055	0.0047	0.0049	0.0061	0.0051	0.0064
2. 7930 Paratlanticus ussuriensis Chuncheon GW	0.0221		0.0000	0.0064	0.0065	0.0059	0.0050	0.0064
3. 7931 Paratlanticus ussuriensis Chuncheon GW	0.0219	0.0000		0.0063	0.0065	0.0059	0.0050	0.0064
4. 9732_Paratlanticus ussuriensis Seongnam GG	0.0171	0.0270	0.0265		0.0041	0.0069	0.0058	0.0075
5. 9734_Paratlanticus ussuriensis Seongnam GG	0.0174	0.0271	0.0271	0.0110		0.0069	0.0058	0.0073
6. 9788_Paratlanticus ussuriensis Uiwang GG	0.0178	0.0178	0.0178	0.0238	0.0238		0.0019	0.0032
7. 9789_Paratlanticus ussuriensis Uiwang GG	0.0151	0.0151	0.0151	0.0202	0.0219	0.0019		0.0031
8. 9790_Paratlanticus ussuriensis Uiwang GG	0.0210	0.0210	0.0210	0.0289	0.0289	0.0059	0.0057	
9. 9791_Paratlanticus ussuriensis Uiwang GG	0.0155	0.0157	0.0154	0.0170	0.0174	0.0178	0.0134	0.0191
10. 14795 Paratlanticus ussuriensis Yangpyeong GG	0.0155	0.0094	0.0092	0.0201	0.0206	0.0138	0.0134	0.0171
11. 14913 Paratlanticus ussuriensis Yongin GG	0.0155	0.0157	0.0154	0.0202	0.0206	0.0019	0.0000	0.0057
12. 14914 Paratlanticus ussuriensis Yongin GG	0.0140	0.0173	0.0170	0.0186	0.0190	0.0039	0.0017	0.0075
13. 14915 Paratlanticus ussuriensis Yongin GG	0.0208	0.0191	0.0187	0.0245	0.0272	0.0083	0.0061	0.0064
14. 14916 Paratlanticus ussuriensis Yongin GG	0.0171	0.0170	0.0170	0.0223	0.0223	0.0039	0.0017	0.0057
15. 14917 Paratlanticus ussuriensis Yongin GG	0.0150	0.0150	0.0150	0.0227	0.0246	0.0019	0.0000	0.0057
16. 14923 Paratlanticus ussuriensis Namhae GN	0.0596	0.0777	0.0763	0.0780	0.0729	0.0592	0.0629	0.0571
17. 14924 Paratlanticus ussuriensis Namhae GN	0.0596	0.0777	0.0763	0.0780	0.0729	0.0570	0.0629	0.0550
18. 14925 Paratlanticus ussuriensis Namhae GN	0.0613	0.0795	0.0781	0.0798	0.0746	0.0592	0.0647	0.0571
19. 14926 Paratlanticus ussuriensis Namhae GN	0.0580	0.0730	0.0730	0.0751	0.0692	0.0570	0.0599	0.0550
20. 15007 Paratlanticus ussuriensis Hwacheon GW	0.0170	0.0207	0.0203	0.0238	0.0280	0.0197	0.0166	0.0191
21. 15043 Paratlanticus ussuriensis Pyeongchang GW	0.0865	0.0916	0.0898	0.0955	0.0882	0.0877	0.0843	0.0824
22. 15123 Paratlanticus ussuriensis Muju JB	0.0686	0.0676	0.0682	0.0754	0.0717	0.0527	0.0610	0.0488
23. 15124 Paratlanticus ussuriensis Muju JB	0.0637	0.0617	0.0617	0.0697	0.0676	0.0507	0.0577	0.0469
24. 15125 Paratlanticus ussuriensis Muju JB	0.0686	0.0667	0.0667	0.0747	0.0725	0.0527	0.0595	0.0488
25. 15129 Paratlanticus ussuriensis Muju JB	0.0577	0.0577	0.0577	0.0641	0.0619	0.0507	0.0535	0.0463
26. 15130 Paratlanticus ussuriensis Muju JB	0.0564	0.0540	0.0540	0.0640	0.0614	0.0515	0.0490	0.0465
27. 15131 Paratlanticus ussuriensis Muju JB	0.0608	0.0584	0.0584	0.0680	0.0656	0.0524	0.0537	0.0489
28. 15132 Paratlanticus ussuriensis Muju JB	0.0629	0.0630	0.0630	0.0712	0.0690	0.0507	0.0555	0.0470
29. 15136 Paratlanticus ussuriensis Gongju CN	0.0501	0.0547	0.0547	0.0570	0.0569	0.0478	0.0455	0.0432
30. 15194 Paratlanticus ussuriensis Munkyeong GB	0.0566	0.0665	0.0658	0.0714	0.0650	0.0575	0.0595	0.0534
31. 7710 Tettigonia ussuriana Euiwang GG	0.2102	0.2195	0.2193	0.2217	0.2148	0.2105	0.2121	0.2152

그림 7. 한국산 갈색여치의 종내 변이와 중베짱이와 종간의 유전적 분화율(미발표)

그림 7은 한국산 갈색여치 30마리와 중베짱이 1개체에 대한 유전적 분화율을 나타낸 것이다. 세로열의 빨간색 상자 안에 포함되어 있는 유전적 분화율은 1번 샘플의 염기서열에 대한 2번, 3번, … , 31번 중베짱이 샘플까지의 유전적 분화율을 보여준다. 데이터 상으로 국내 갈색여치는 1.4%~6.8%까지의 다양한 바코드 염기서열 분화율을 보여 여러 유전적 집단이 혼재되어 있는 양상이다. 갈색여치와 31번 샘플인 중베짱이의 염기서열 분화율은 가로행의 파란색 상자에 표시되었는데, 이들 종간 유전적 분화율은 21% 이상으로 크다.

COI

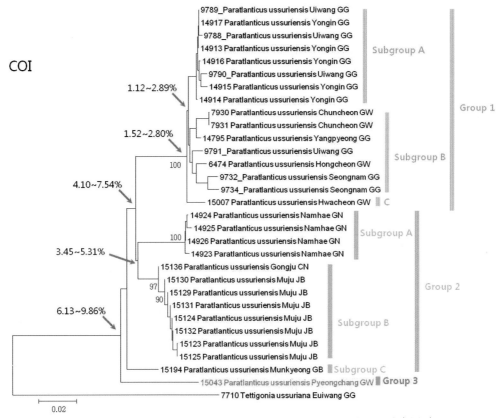

9789_Paratlanticus ussuriensis Uiwang GG
14917 Paratlanticus ussuriensis Yongin GG
9788_Paratlanticus ussuriensis Uiwang GG
14913 Paratlanticus ussuriensis Yongin GG   Subgroup A
14916 Paratlanticus ussuriensis Yongin GG
9790_Paratlanticus ussuriensis Uiwang GG
14915 Paratlanticus ussuriensis Yongin GG
14914 Paratlanticus ussuriensis Yongin GG

Group 1

1.12~2.89%

7930 Paratlanticus ussuriensis Chuncheon GW
7931 Paratlanticus ussuriensis Chuncheon GW
1.52~2.80%
14795 Paratlanticus ussuriensis Yangpyeong GG
9791_Paratlanticus ussuriensis Uiwang GG   Subgroup B
6474 Paratlanticus ussuriensis Hongcheon GW
100
9732_Paratlanticus ussuriensis Seongnam GG
9734_Paratlanticus ussuriensis Seongnam GG
15007 Paratlanticus ussuriensis Hwacheon GW   C

4.10~7.54%

14924 Paratlanticus ussuriensis Namhae GN
14925 Paratlanticus ussuriensis Namhae GN   Subgroup A
100
14926 Paratlanticus ussuriensis Namhae GN
3.45~5.31%
14923 Paratlanticus ussuriensis Namhae GN

15136 Paratlanticus ussuriensis Gongju CN
15130 Paratlanticus ussuriensis Muju JB
97
15129 Paratlanticus ussuriensis Muju JB   Group 2
90
15131 Paratlanticus ussuriensis Muju JB
6.13~9.86%
15124 Paratlanticus ussuriensis Muju JB   Subgroup B
15132 Paratlanticus ussuriensis Muju JB
15123 Paratlanticus ussuriensis Muju JB
15125 Paratlanticus ussuriensis Muju JB

15194 Paratlanticus ussuriensis Munkyeong GB   Subgroup C

15043 Paratlanticus ussuriensis Pyeongchang GW   Group 3

7710 Tettigonia ussuriana Euiwang GG

0.02

그림 8. 한국산 갈색여치의 DNA 바코드 염기서열에 대한 NJ tree와 유전적 분화율 (미발표)

(3) NJ tree에서 종 묶음 해석

그림 8은 한국산 갈색여치에 대해 NJ tree를 구현한 후 유전적 분화율을 보기 쉽게 각 그룹이 갈라지는 분기점에 표시한 것이다. 갈색여치는 형태 분류에서 한 종으로 알려져 있지만 바코드 분석에서는 크게 두 개의 그룹으로 구분된다. 각 그룹은 다시 여러 개의 서브 그룹으로 나뉜다. 이는 한국산 갈색여치가 유전적으로 확연히 구별되는 여러 집단이 존재함을 새롭게 보여준다. 여기에서 종간 변이와 종적 변이 수준에 대한 유전적 분화를 매우 신중하게 판단해야 한다. 그룹 1에 포함되어 있는 서브그룹 A, B, C는 서로 간에 유전적 분화율이 1.12~2.80%로 종내 변이수준으로 판단 할 수 있지만, 2.8%라는 수치는 종내 수준인지 종간 수준인지 해석이 어려운 경우이다. 반면, 그룹 1과 2에서 나타나는 유전적 변화는 4.10~7.54%로 다른 곤충의 분석경험으로 볼 때, 종간 차이를 나타나는 유전적 분화율이다. 이 결과를 바탕으로 갈색여치는 최소 5개의 별도 종이 존재할 수 있음을 암시한다. 하지만

이러한 해석에도 불구하고 최종적인 판단을 위해 크게 고려해야 할 사항이 두 가지가 있는데 진본 바코드 염기서열 판별과 numt에 대한 판별이다.

(4) 진본(authentic) 바코드 염기서열 판별

교차오염은 DNA 분석 실험실에서 다양한 종의 G-DNA를 추출함으로 시약이나 파쇄된 조직의 조각들 일부가 임의로 다른 샘플 또는 시약으로 들어가 유발된다. 피펫의 관리를 소홀히 할 때에도 교차오염이 발생 될 수 있다. 특히, 각 샘플의 G-DNA를 피펫으로 흡입하고 분주하는 과정에서 수분의 증발과 더불어 공기 중으로 분산된 G-DNA가 실험실내에 여기저기 존재하며 오염 시킨다. 피펫 안에서는 잔여물로 남아 지속적인 오염을 일으키기도 한다. 이를 예방하기 위해서는 성능이 좋은 필터 팁(filter tip)을 이용 할 것과 실험 전후에 DNAse나 RNAse가 함유된 세척제로 실험 테이블 및 PCR기기 등 실험에 관련된 모든 장비를 깨끗이 세척하고 관리해야 한다. 이러한 세심한 관리를 취한다 하더라도 정렬을 마친 염기서열 중에서 같은 종으로 동정한 개체임에도 불구하고 상이한 염기서열이 분석되어지는 경우가 종종 있다. 이럴 경우 오염된 염기서열임을 우선적으로 의심하고, 해당 염기서열을 NCBI의 BLAST search를 이용하여 어떤 종과 가장 유사도가 높은지 확인해야 한다. 예를 들어 A종으로 동정한 개체의 바코드 서열이 BLAST search를 통하여 B라는 종과 유사도가 99%정도로 나오면 이는 과거에 분석한 샘플과 교차오염 된 경우이다(그림 9).

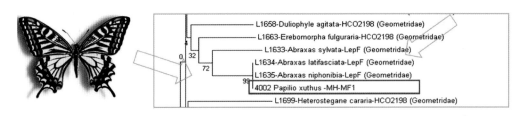

그림 9. 나비류 특이프라이머 분석 중 산호랑나비에서 얼룩가지나방류의 바코드 서열이 증폭된 예

다음 문제로는 표본의 분류과정에서 오동정 되었을 때 나타나는 현상이다. 주로 성충을 바코드 분석에 이용하지만, 노린재목, 메뚜기목에 속하는 곤충들은 약충의 상태로 채집된 경우가 많은데, 이러한 약충들은 종간에 형태적인 차이가 미비하고, 정보도 빈약하여 종 동정에 어려움이 많다. 실제로 동일 장소에서 동일종으로 생각하고 채집한 개체들에서 다른 종

의 개체가 섞여 있는 경우가 관찰되기도 한다. 이를 간단히 해결하기 위해서는 우선적으로 BLAST search를 이용하는 방법과 만일 NCBI에 관련된 종의 바코드 서열이 없다면, 기존에 분석한 모든 성충들의 바코드 염기서열을 포함시켜 어느 샘플과 유사도가 가장 높은지 재확인 하는 방법이 널리 쓰인다.

장기건조표본은 기본적으로 여러 쌍의 특이프라이머세트를 사용함으로서 658 bp길이의 바코드 영역을 복원 할 수 있다. 하지만 G-DNA의 질과 양이 좋지 않은 건조표본을 상대로 사이클 수가 40회 이상으로 무리한 PCR을 수행하게 되면 푸른곰팡이나 대장균과 같은 미생물 등의 염기서열이 비특이적으로 증폭되는 경우도 있다. 재 실험을 통해서 같은 현상이 되풀이된다면, 종특이적인 프라이머라 하더라도 즉시 폐기하고 새로운 프라이머를 디자인하여 사용해야 한다.

(5) numts(nuclear mitochondrial pseudogenes)의 판별

핵내 유입된 미코콘드리아 위유전자(numt)는 곤충류에 폭넓게 존재한다. 특히 메뚜기목에 다양하게 존재하는 것으로 알려져 있다. numt는 미토콘드리아 유전자의 DNA 염기서열 일부(보통 1000bp 이하 길이)지만, 핵내 DNA로 유입되어 유전자로의 기능은 하지 않으면서, 바코드 분석에서는 의도치 않게 증폭 되곤 한다. numt는 핵 내에 존재하는 관계로 진화 속도가 미토콘드리아 유전자 보다 느린 성향이 있다. 특히, COI numt들이 과거에 몇 차례씩 핵 내로 유입 된 경우에는 각기 다른 진화 시점을 가졌기 때문에 실제 COI 바코드 염기서열과 유사하면서 다른 유전적 분화율을 나타낸다. 바코드 분석 결과를 보면, 마치 하나의 형태종에서 여러 종이 존재하는 것처럼 판단 착오를 일으킬 수 있다. 좋은 예가 그림 8(갈색여치 바코드)인데, 그림에 있는 바코드 결과는 범용프라이머를 직접 이용한 것으로 각 개체의 염기서열 내에 stop codon의 존재 여부, 삽입과 결손(indels)이 있는지 여부를 통해 numt를 구분해 낼 수 있다.

이러한 numt들이 발견되면, 진본의 COI 바코드 영역을 증폭할 방법으로는 numt의 길이가 보통은 1000 bp 정도로 핵 내에 존재한다는 것에서 착안된다. 미토콘드리아의 COI 유전자를 포함해서 약 3000~4000 bp 길이에 대한 long PCR을 먼저 실시 하면 numt의 증폭을 미연에 방지할 수 있다. 그리고 이 PCR산물을 주형 DNA로 하여 바코드 영역만을 다시 PCR한다. 과거에는 numt의 의도치 않은 PCR 증폭이 바코드 분석에서는 장애물처럼 여겨져 온 것이 사실이다. 하지만, 최근에는 numt가 종분화 기작에서 그들 종이 가지고 있던 과거 미토콘드리아 염기서열에 대한 정보를 제공해주는 DNA 화석(DNA fossil)처럼, 종분화의 역사를 설명하는데 유용하게 쓰이기 시작했다.

4. DNA 바코드 데이터의 활용

하나의 데이터로 구축된 진본의 바코드 정보는 염기서열의 각 위치에서 일어난 돌연변이를 표준화된 형질로 이용한다. 형태학적 분류로 인식된 종들에 대하여 DNA 바코드 정보를 도서관의 서고처럼 체계적인 DB로 구축하게 되면, 다음과 같이 아주 큰일을 해 낼 수 있다.

첫째, 곤충의 알, 애벌레, 번데기 어느 시기든 종류를 알고 싶을 때 그것이 성충으로 자랄 때를 기다릴 필요 없이 종을 알 수 있게 된다. 그 동안 곤충을 알고, 공부하고, 이용해오던 사람들은 그 관심 곤충이 무슨 종인지 알고 싶은 순간이 무척이나 많았다. 하지만, 어떤 것은 알이라서, 어떤 것은 어린 유충이라서 또 번데기라서 포기한 순간이 많았다. 그동안 성충을 기반으로 구축된 형태 분류 정보가 이 같은 미성숙 단계의 곤충에 대해서는 손쓸 수 있는 여력이 부족했기 때문이다. 하지만, DNA 바코드 라이브러리를 이용하면 표본 분석시간을 감안해도 3일~1주일이면 가능해진다. 알고 싶은 미성숙단계의 샘플이 성충으로 자랄 수 주~몇 개월의 시간을 기다릴 필요가 없어진다.

둘째, 국가적으로 곤충 종 다양성에 대해 미지의 부분이었던 은밀종 및 생태종과 같은 형태적으로 분류가 어려운 분류군들이 정리될 수 있다. DNA 바코드 정보는 유전적 변이의 폭 분석을 통하여 형태 분류에서 인지되지 못한 종에 대한 파악이 매우 수월해질 수 있기 때문이다. 이를 통해서 숨겨졌던 종을 발굴하거나 기존에 여러 종인 줄 알았던 종들이 한 종으로 통합되는 등 국가 종다양성을 체계적으로 정리할 수 있게 된다.

셋째, 국가적 차원에서 곤충 종자원의 관리가 쉬워지고, 체계화될 수 있다. DNA 바코드 정보가 누적될수록 같은 종의 분석량이 증가되면, 형태적으로 인식하기 어려웠던 종 또는 이하 개체군들에 대해 구분이 어느 정도 가능해 진다. 사육을 비롯한 육종과 종 복원을 위하여 필요한 개체군 선별에도 유용한 정보를 제공해 줄 수 있다. 경우에 따라서는 국외에서 은밀하게 불법적으로 유입된 개체군에 대한 판별도 가능할 수 있다.

마지막으로 곤충분류학에서 전문가만이 아니라 비전문가도 곤충의 종류를 쉽게 알 수 있는 시대를 만들 수 있다. 본인이 갖고 있는 샘플을 분석회사에 의뢰하여 얻은 DNA 바코드 정보를 곤충 DNA 바코드 라이브러리에 들어가 비교해 볼 수 있게 된다. 라이브러리에 일치하는 유전자 서열의 종 정보가 바로 자신이 갖고 있는 샘플의 종 이름을 알려줄 수 있기 때문이다. 이처럼 과학기술과 지식 정보의 대중화와 보편화라는 전기를 곤충의 분류과정에서도 맛볼 수 있는 기회가 될 것이다.

참고문헌

Chandrakant NC, Dattatray PS, Dinesh KB. 2011. Anti-asthmatic and anti-anaphylactic activities of *Blatta orientalis* mother tincture. Homeopathy, 100(3): 138–143.

Chowdhury, SN. Origin, evolution and distribution of silkworm species. Journal Assam Science Society, 45: 43–51.

Diamond, AJ. 1965. Zoological classification system of a primitive people. Science, 151: 1102–1104.

El Taj HF, Jung C. 2011. A Korean population of *Neoseiulus californicus* (McGregor) (Acari: Phytoseiidae) that is non-diapausing. International Journal of Acarology. 37(5): 411–419.

Folmer O, Black M, Hoeh W, Lutz R, Vrijenhoek R. 1994. DNA primers for amplification of mitochondrial *cytochrome c oxidase* subunit I from diverse metazoan invertebrates. Molecular Marine Biology and Biotechnology, 3: 294–299.

Gillott, C. 2005. Entomology (3rd Edition). Springer, Netherlands.

Girault AA, Sanders GE. 1910. The chalcidoid parasites of the common house or typhoid fly (*Musca domestica* Linn.) and its Allies. Psyche, 17(1): 9–28.

Han TM, Kang TH, JEONG JC, LEE YB, CHUNG HC, PARK SW, Lee SW, Kim KG, Park HC. 2012. Pseudocryptic speciation of *Chrysochroa fulgidissima* (Coleoptera: Buprestidae) with two new species from Korea, China and Vietnam. Zoological Journal of the Linnean Society, 164(1): 71–98.

Hebert PDN, Cywinska A, Ball SL, deWaad JR. 2003. Biological identifications through DNA barcodes. Proceedings of the Royal Society (London) B, 270: 313–321.

Hwang SJ, Byeon YW, Lee SM, Kim JH, Choi MY, Kim SH, Kim NJ, Park HC, Lee YB, Lee SB, Lee JW. 2010. Immature Development, Longevity and Fecundity of the Larval Parasitoid, *Meteorus pulchricornis* (Wesmael) (Hymenoptera: Braconidae), on Tobacco Cutworm. International Journal of Industrial Entomology, 21(2): 180–183.

Kamijo K. 1979. Eulophidae (Hymenoptera) from Korea, with descriptions of two new species. Annales Historico-Naturales Musei Nationalis Hungarici, 71: 256.

Kazak C. 2008. The Development, Predation, and Reproduction of *Phytoseiulus persimilis* Athias-Henriot (Acari: Phytoseiidae) from Hatay Fed *Tetranychus cinnabarinus* Boisduval (Acari:

Tetranychidae) Larvae and Protonymphs at Different Temperatures. Turkish Journal of Zoology, 32: 407–413.

Khan IA, Wan FH. 2008. Life table of *Propylea japonica* Thunberg (Coleoptera: Coccinellidae) fed on *Bemisia tabaci* (Gennadius) (Homoptera: Aleyrodidae) biotype B prey Sarhad Journal of Agriculture, 24(2): 261–268.

Kim B, Kim KW, Choe JC. 2012. Temporal polyethism in Korean yellowjacket foragers, *Vespula koreensis* (Hymenoptera, Vespidae). Insectes Sociaux, 59: 263–268.

Kim JK, Moon TY, Yoon IB, 1994, Systematic of vespine wasps from Korea, I. Genus *Vespa* Linnaeus (Vespidae, Hymenoptera). Korean Journal of Entomology 24(2): 107–115.

Lee YS, Hong SS, Kim JY, Kim SJ, Kim HD. 2013. Developmental Characteristic of Yellow Spotless Ladybug, *lleis koebelei* Timberlake (Coleoptera: Coccinellidae: Psylloborini) and the Biological Control Effect on the Cucumber Powdery Mildew. 2013년도 한국응용곤충학회 정기총회 및 춘계학술발표회, 122.

Lee YS, Jung GH, Lee HJ, Jang MJ, Ju YC, Kim HD, Ham EH. 2014. Biological control effect of the Green Lacewing, *Chrysoperla nipponensis* (Neuroptera:Chrysopidae) against *Pseudococcus comstocki,* the major scale insect pest of pear orchards in South Korea. The 63rd New Zealand Entomological Society Conference, Queenstown.

Lee YS, Lee HA, Hong SS, E GJ. 2010. Studies on the Morphological and Developmental Characteristics of Mycophagous Ladybird *Illeis koebelei* Timberlake, 1943 (Coleoptera: Coccinellidae: Psylloborini). 2010년도 한국응용곤충학회 학술발표회, 104.

Makoto M. The History and Present Situation of Insect Foods in Japan: Focusing on Wasp and Hornet Broods. Bulletin of the Faculty of Bioresources, Mie University

Mayr E. 1963. Animal species and Evolution. Cambridge, MA: Harvard University Press.

Michener CD. 2000. The Bees of the World. The John Hopkins University Press.

Nie RE, Mochizuki A, Brooks SJ, Liu ZQ, Yang XK. 2012. Phylogeny of the green lacewing *Chrysoperla nipponensis* species-complex (Neuroptera: Chrysopidae) in China, based on mitochondrial sequences and AFLP data. Insect Science, 19: 633–642.

Ouyang F, Men X, Yang B, Su J, Zhang Y, Zhao X, Ge F. 2012. Maize benefits the predatory beetle, *Propylea japonica* (Thunberg), to provide potential to enhance biological control for aphids in cotton. PLoS ONE, 7(9): e44379.

Park DS, Suh SJ, Oh HW, Hebert PDN. 2010. Recovery of the mitochondrial COI barcode region in diverse Hexapoda through tRNA-based primers. BMC Genomics, 11: 423.

Saito Y. 1967. The life-history of *Tabanus trigonus* Coquillett, 1898, and some others. Acta Medica et biologica, 14(4): 207–215.

Shao SX, Yang ZX, Chen XM. 2013. Gall development and clone dynamics of the galling aphid *Schlechtendalia chinensis* (Hemiptera: Pemphigidae). Journal of Economic Entomology, 106(4): 1628–37.

Shimoda M, Kiuchi M. 1998. Oviposition behavior of the sweet potato hornworm. *Agrius convolvuli* (Lepidoptera : Sphingdae), as analysed using an artficial leaf. Applied Entomology and Zoology, 33: 525–534.

Simpson GG. 1961. Principles of animal taxonomy. New York: Columbia University Press.

Suh SJ, Choi KS, Kwon YJ. 2003. Taxonomy of *Tabanus cordiger* Species Group (Diptera: Tabanidae) in Korea. Korean Journal of Entomology, 33(1): 1–3.

Wang X, Hayashi M, Wei C. 2014. On cicadas of *Hyalessa maculaticollis* complex (Hemiptera, Cicadidae) of China. ZooKeys, 369: 25–41.

Yamane S, Wagner RE, Yamane S. 1980. A tentative revision of the subgenus *Paravespula* of Eastern Asia (Hymenoptera: Vespidae). Insecta Matsumurana (new series), 19: 1–46.

Yana P, Zhu J, Li M, Li J, Chen X. 2011. Soluble proteome analysis of male *Ericerus pela* Chavannes cuticle at the stage of the second instar larva. African Journal of Microbiology Research, 5(9): 1108–1118.

Yasunaga T. 1993. A taxonomic study on the subgenus *Heterorius* Wagner of the genus *Orius* Wolff from Japan (Hemiptera: Anthocoridae). Japanese journal of Entomology, 61(1): 11–22.

Yauda H. 1991. Survival rates for two dung beetle species, *Onthophagus lenzii* Harold and *Liatongus phanaeoides* Westwood (Coleoptera: Scarabaeidae), in the field. Applied Entomology and Zoology, 26(4): 449–456.

Žikć V, Tomanović Ž, Ivanović A, Kavallieratos NG, Starý P, Stanisavlijević LŽ, Rakhshani E. 2009. Morphological characterization of *Ephedrus persicae* biotypes (Hymenoptera: Braconidae: Aphidiinae) in the palaearctic. Annals of the Entomological Society of America, 102: 223–231.

강승호. 2010. 천적을 활용한 축사내 파리류의 종합적 방제에 관한 연구. 농학박사학위논문. 강원대학교 대학원 농생물학과.

강은진, 김정환, 변영웅. 2012. 목화검정진디벌(*Ephedrus plagiator*)의 생물학적 특성에 미치는 온도의 영향. 2012년도 한국응용곤충학회 추계학술발표회, 119.

강은진, 지창우, 최병렬, 김정환, 조점래. 2014. 목화검정진디벌(*Ephdrus plagiator*)과 진디벌

(Aphidus ervi)의 싸리수염진딧물과 완두수염진딧물에서 생물적 특성 비교. 2014년도 한국 응용곤충학회 춘계학술발표회, 158.

고상현. 2006. 솔수염하늘소 천적기생봉 개미침벌의 국내분포 및 생태. 산림과학정보, 187: 4-5.

권오석, 김남정, 설광열. 2000 길앞잡이(Cicindela chinensis flammifera Horn)의 서식처 조사 및 실내 사육조건 검토. 2000년도 한국응용곤충학회·한국곤충학회 합동 춘계 학술발표회, 66.

김강혁, 김하곤, 정재훈. 2014. 애반딧불이 실내사육과정에서 알과 성충의 계절적 특성. 한국 응용곤충학회지 53(3): 225-229.

김규진, 이호범. 2000. 해송(곰솔)림에 만연된 솔껍질깍지벌레의 포식천적에 관한 연구. 한국 응용곤충학회지, 37(1): 73-80.

김남정. 2008. 왕귀뚜라미(Teleogryllus emma)의 생태적 특성 및 셀룰라제 유전자 클로닝. 동아 대학교 박사학위청구논문.

김남정, 홍성진, 김성현, 박해철. 2012. 물방개류 실내 사육법. 한국잠사곤충학회지, 50(1): 27-32.

김남정, 홍성진, 김성현, 정순진, 박해철, 김소윤, 이광범. 2013. 어린이에게 적합한 곤충 이용 모델 개발. 완결과제 최종보고서. 농촌진흥청.

김남정, 홍성진, 설광열, 권오석, 김성현. 2005. 왕귀뚜라미(Teleogryllus emma)알의 실내 인공 채란 및 저장. 한국응용곤충학회지, 44(1): 61-65.

김성수, 서영호. 2011. 한국나비생태도감. 사계절.

김성수, 이철민, 권내성. 2011. 굴업도의 나비군집과 멸종위기종 왕은점표범나비의 우점현상. 한국응용곤충학회지, 50(2): 115-123.

김성현. 2009. 사향곤충의 증식시스템 확립 및 산업적 이용기술 개발. 농촌진흥청.

김옥진, 손민우, 최만영, 문형철, 김일평. 2014. 유용곤충 길라잡이. 동일출판사.

김용헌, 김정환, 변영웅, 최병렬. 2005. 천적이용가이드. 아카데미서적.

김인수, 고현관, 홍기정, 이문홍. 1996. 시설하우스에서 배짧은꽃등에 방사에 의한 과일류의 수정율 향상. 농촌진흥청.

김정환. 2014. 토착 천적의 탐색 및 이용기술 개발. 국립농업과학원 완결과제 최종보고서. 농촌진흥청.

김정환, 김황용, 변영웅, 김용헌. 2008. 총채벌레 천적 으뜸애꽃노린재(Orius strigicollis)와 미끌애 꽃노린재(Orius laevigatus)의 생물학적 특성 비교. 한국응용곤충학회지, 47(4): 421-428.

김정환, 변영웅, 최만영, 이상계, 김용헌. 2011. 시설고추 해충의 천적이용 편람, 111.

김정환, 조점래, 이미숙, 강은진, 변영웅, 김황용, 최만영. 2013. 갈고리뱀잠자리붙이의 생물적 특성에 미치는 온도의 영향. 한국응용곤충학회지, 52(4): 283-289.

김주읍. 1994. 천잠의 사육기술체계에 관한 연구-사육환경요인과 견질을 중심으로. 한국잠사학회, 36(2): 130-137.

김지석, 강현경. 2011. 나비와 흡밀식물과의 관계 분석을 통한 조경설계에의 활용방안 연구-서울 월드컵공원을 대상으로-. 한국조경학회지, 39(1): 11-21.

김진일. 2011. 상기문류(절지동물문: 곤충강: 딱정벌레목: 풍뎅이상과). 대한민국 생물지 한국의 곤충 제12권 1호. 환경부 생물자원관.

김진일. 2012. 측기문류(절지동물문: 곤충강: 딱정벌레목: 풍뎅이상과). 대한민국 생물지 한국의곤충 제12권 3호. 환경부 생물자원관.

김진일, 이원규. 2002. 우리가 정말 알아야할 우리 곤충 백가지. 현암사.

김창효. 1993. 곤충의 사육법. 경상대학교출판부.

김창효, 구덕서(역). 2008. 천적 생태와 이용기술. 사단법인 천적이용정보교류센터.

김태우. 2013. 메뚜기생태도감. 지오북.

김하곤, 권용정, 서상재. 2008. 애반딧불이(딱정벌레목: 반딧불이과)의 생육 특성. 한국생명과학회, 18(12): 1728-1732.

남중희, 마영일. 2000. 여러나라 곤충의 자원화와 그 이용. 서울대학교 출판부.

노시갑, 김종길. 1992. 한국산 멧누에나방(*Bombyx mandarina* M.)의 실내사육. 한국응용곤충학회지, 31(1): 33-36.

박규택, 김성수, Tshistjakov YA, 권영대. 1999. 한국의 나방 (I). 생명공학연구소·한국곤충분류연구회.

박영규, 이영보, 이진구, 이상현, 강승호, 정일순. 2012. 땅강아지, *Gryllotalpa orientalis* (Orthoptera: Gryllotalpidae)의 실내사육 및 증식에 관한 연구. 한국응용곤충학회 추계학술발표회, 168.

박영규, 정일순, 한옥순, 이영보, 최영철. 2013. 땅강아지, Gryllotalpa orientalis (Orthoptera: Gryllotalpidae의 실내누대사육 연구, 세계곤충학회 1주년 기념 공동 심포지엄 및 2013 추계학술발표회, 286.

박인균, 마영일, 윤형주, 양성열. 1998. 국내에 서식하는 쥐똥밀깍지벌레(*Ericerus pela*)의 분포 및 생태에 관한 연구. 한국응용곤충학회지, 37(2): 137-142.

박해철, 김남정, 홍성진, 김성현, 윤형주, 김미애, 김종길, 이영보, 노은희. 2011. 애완학습 곤충. 농촌진흥청.

박해철, 심하식, 황정훈, 강태화, 이희아, 이영보, 김미애, 김종길, 홍성진, 설과열, 김남정, 김성현, 안난희, 오치경. 2008. 우리 농촌에서 쉽게 찾는 물살이곤충. 농촌진흥청 농업과학기술원.

Rural Development Administration
National Academy of Agricultural Science

방혜선, 나영은, 김명현, 노기안, 이정택. 2007. 애기뿔소똥구리(*Copris tripartitus* Waterhouse)의 발육에 미치는 온도의 영향. 한국응용곤충학회지, 46(3): 357-362.

배양섭, 변봉규, 백문기. 2008. 한국산 명나방과 도해도감. 국립수목원.

백문기, 황정미, 정광수, 김태우, 김명철, 이영준, 조영복, 박상욱, 이흥식, 구덕서, 정종철, 김기경, 최득수, 신이현, 황정훈, 이준석, 김성수, 배양섭. 2010. 한국 곤충 총 목록. 자연과생태.

백유현, 권민철, 김현우. 2007. 주머니속 나비도감. 황소걸음.

설광열, 김남정. 2001. 배추흰나비의 실내 사육법 확립.

설광열, 김남정, 홍성진. 2005. 네발나비과 나비류의 계대사육법 체계확립. 한국응용곤충학회지, 44(4): 257-264.

설광열, 홍성진, 김남정, 이희권. 1997. 인공사료에 의한 암끝검은표범나비의 실내대량사육. 1997년도 곤충학 특별강연 및 학술발표회, 71.

안미영, 황재삼, 윤은영. 2013. 곤충 프로테오글라이칸 분리정제 및 의약소재화 연구. 농촌진흥청 2013년도 완결과제 최종보고서.

안수정, 김원근, 김상수. 2010. 노린재도감. 자연과 생태.

윤형주, 김미애, 이상범, 한상미, 김원태. 2007. 뒤영벌의 이해. 농촌진흥청 농업과학기술원.

이상현, 김세권, 남경필, 손재덕, 이진구, 박영규, 최영철, 이영보. 2012. 남방노랑나비(*Eurema hecabe*)의 생태환경 및 실내사육 조건에 관한 연구. 한국잠사학회, 50(2): 133-139.

이승옥, 이동운, 추호렬. 2007. 꿀벌부채명나방(*Galleria mellonella* (L.))사육을 위한 경제적 인공사료 개발. 한국응용곤충학회지, 46(3): 385-392.

이영보. 2008. 주머니속 거미도감. 황소걸음.

이영보, 박해철, 한태만, 김성현, 김남정. 2014. 바둑돌부전나비(*Taraka hamada*)의 야외 생태학적 특성 조사. 한국잠사곤충학회지, 52(1): 16-24.

이영준, 1995. 한국의 매미. 도서출판 요나.

이진구, 이영수, 김회동, 서애경. 2011. 사슴풍뎅이 발생특성 및 사육을 위한 환경조건. 2011년도 한국응용곤충학회 50주년 기념 심포지엄 및 춘계학술발표회, 203.

이흥식, 우건석. 1994. 한국산 *Osmia*속 (벌목; 가위벌과)에 대한 연구. 한국양봉학회지 9(2): 117-130.

장신애, 윤지은, 박정규. 2009. 무균 구리금파리 유충 생산용 배지의 선발과 알 및 유충의 저장을 위한 온도 및 기간. 한국응용곤충학회지, 48(2): 269-274.

전라남도 함평군농업기술센터. 1999. 나비의 대량증식사육 기술개발. 현장애로기술 개발사업 농업인개발과제 결과보고서. 농촌진흥청.

전승종, 김성철, 송은영, 김미선, 임찬규. 2014. 아열대과수 도입 평가 및 적응재배법 개발. 농촌진흥청 완결과제 최종보고서.

정광수. 2012. 한국의 잠자리. 자연과 생태.

정부희. 2012. 거저리류(절지동물문: 곤충강: 딱정벌레목: 거저리과: 거저리아과). 대한민국 생물지 한국의곤충 제12권 5호. 환경부 생물자원관.

조희열. 2001. 나비의 대량증식사육 기술개발. 현장애로기술 개발사업 농업인개발과제 결과보고서. 전라남도.

진병래 등. 2013. 곤충 및 거미 독소 유래 기능성물질의 발굴 및 산업화 연구. 농촌진흥청.

최문보, 김정규, 이정욱. 2013. 한국산 말벌과의 종목록 정리 및 분포에 대한 고찰. 한국응용곤충학회지, 52(2): 85-91.

최영철, 박인균, 이준석, 이상현, 김세권, 김남정, 김성현, 최지영, 박관호, 황재삼, 윤은영. 2014. 식용곤충 표준사육 지침서. 농촌진흥청 국립농업과학원.

최은영. 2013. 한국산 멋쟁이딱정벌레 (딱정벌레목: 딱정벌레과)의 형태 및 분자분류학적 연구. 경북대 석사학위청구논문.

한호연, 최득수. 한국경제곤충 15 꽃등에과 파리목(Diptera). 농업과학기술원.

함은혜, 이영수, 이준석, 박종균. 2013. 노지재배 오미자에서 식나무깍지벌레(*Pseudaulacaspis cockerelli*)와 볼록총채벌레(*Scirtothrips dorsalis*)의 생물적 방제를 위한 토착천적 *Chrysoperla nipponensis*와 지중해이리응애(*Amblyseius swirskii*)의 적용 효과. 한국자연보호학회지, 7(2): 142-146.

함은혜, 이영수, 장미연, 이준석, 박종균. 2012. 가루깍지벌레, 복숭아혹진딧물, 담배가루이에 대한 토착천적 *Chrysoperla nipponensis* (Okamoto)의 포식반응. 2012년도 한국응용곤충학회 추계학술발표회, 160.

함은혜, 이준석, 이봉우, 안태현, 진혜영, 송정화, 최영철. 2013. 열대 관상식물, 당종려나무를 가해하는 가루깍지벌레에 대한 신규 토착천적(*Chrysoperla nipponensis* (Okamoto))의 적용가능성 진단. 한국자연보호학회지, 7(2): 147-150.

홍기정. 2008. 해충도감. In: 박물관과 유해생물 관리(편집: 정종수, 최순권). 국립민속박물관.

황재삼. 2012. 곤충으로부터 항생물질 분류 및 염증질환 치료 후보 물질 개발. 2013정부연구개발 우수성과 사례집. 한국과학기술평가원, 78-79.

松浦 誠. 1989. 日本における昆虫食の歴史と現状 : スズメバチを中心として. 三重大生物資源紀要 22: 89-135.

〈인터넷자료〉

Common green bottle fly. http://en.wikipedia.org/wiki/Common_green_ bottle_fly.

Common name: common green bottle fly, sheep blow fly, scientific name: Lucilia sericata (Meigen) (Insecta: Diptera: Calliphoridae) http://entnemdept.ufl.edu/creatures/livestock/flies/lucilia_ sericata.htm

Dacline s. Dacnusa sibirica Leaf miner control. Bioline technical sheet. http://www3.syngenta.com/ global/Bioline/en/products/ allproducts/Pages/DacDigline.aspx

Digline I. Diglyphus Leaf miner control. Bioline technical sheet. http://www3.syngenta.com/global/ bioline/SiteCollectionDocuments/Products/B51%20-%20Digline%20i.pdf

FASFC-Placing on the market of insects and insect-based foods intended for human consumption. Federal Agency for the Safety of the Food Chain. www.afsca.be/foodstuffs/insects/

Jongema 2014. List of edible insects of the world (April 1, 2014). http://www.wageningenur.nl/en/ Expertise-Services/Chair-groups/Plant-Sciences/Laboratory-of-Entomology/Edible-insects/ Worldwide-species-list.htm

Leafminer infestations can occur early in the season. For a good biological pest management it is important to control the leafminer population on time. Therefore the parasitic wasp Dacnusa sibirica is an indispensable beneficial. biobest technical sheet. http://www.biobest.be/images/ uploads/public/7524378379_Dacnusa-(Mix)-System.pdf

Phytoseiulus persimilis Athias-Henriot, 1957 – Keys. http://keys.lucidcentral.org/keys/v3/ phytoseiidae/key/Phytoseiidae/Media/Html/Phytoseiulus_persimilis/Phytoseiulus_ persimilis_Athias-Henriot_1957.htm

Swirskiline as Amblyseius (Typhlodromips) swirskii Whitefly control. Bioline technical sheet. http://www3.syngenta.com/global/Bioline/en/products/ allproducts/Pages/Swirskilineas.aspx

국가농작물병해충관리시스템. http://ncpms.rda.go.kr/npms/Main.np

김진, 신기한곤충이야기. http://bric.postech.ac.kr/

네이버 지식백과. http://terms.naver.com/

네이버 QR코드. http://gr.naver.com/

농촌진흥청, 파리 이용 양파 인공수분 성공. 2004-05-19. 정승호기자. 동아일보. http://news.naver.com/main/read.nhn?mode=LSD&mid=sec&sid1=101&oid=020&aid=0000239863

바퀴벌레로 에이즈 등 불치병에 도전K. 2001-04-06. 한국과학기술정보연구원(KISTI) 해외과학기술동향. http://bric.postech.ac.kr/myboard/read.php?Board=news&id=70323

박준, 강한솔, 김명순. 2008. 물땡땡이 산란주머니의 역할 탐구. 제54회 충청남도과학전람회. http://www.science.go.kr/nalcoding/exhibit/boardview.jsp?view=13370

애완곤충, 자폐증 등 정신질환 치료 효과. 2007-11-25. 신홍관기자. 뉴시스통신사. http://news.naver.com/main/read.nhn?mode=LSD&mid=sec&sid1=102&oid=003&aid=0000658720

양파채종으로 농가소득 증대. 2014-07-31. 박혁기자. 무등일보. http://www.honam.co.kr/read.php3?aid=1406732400446614064

유럽의 개미판매현황. 2007-04-20. http://kin.naver.com/open100/detail.nhn?d1id=11&dirId=1116&docId=492462&qb=6rCc66+47YyQ66ek7ZiE7Zmp&enc=utf8&section=kin&rank=1&search_sort=0&spq=0&pid=Sc/VfwoRR14ssZmCttdsssssss4-453430&sid=VH-sSwoUU1IAAEhk@gE

중림곤충관(中林昆虫館). http://blog.daum.net/kimyongheon

폴리코사놀 고순도·대량 생산기술 개발: 美 유니젠社 특허취득, 곤충으로부터 추출. 2005-01-27. 이덕규기자. 약업신문. http://yakup.com/news/

한국의 메뚜기. http://www.jasa.pe.kr/pulmuchi/index.htm

해충방제를 어떻게??. 알면 보인다!!. blog.naver.com/kslee10/220104615895

애완용에서 첨단소재까지
산업화 가능성 높은 곤충들

산업곤충도감

2016년 4월 6일 1판 1쇄 인 쇄
2016년 4월 12일 1판 1쇄 발 행

저 자 : 농업진흥청 국립농업과학원
제 작 처 : 광 문 각
펴 낸 이 : 박 정 태

펴 낸 곳 : **파주나비나라박물관**

10881
파주시 파주출판문화도시 광인사길 161
광문각 B/D 4층
등 록 : 1991. 5. 31 제12-484호
전 화(代) : 031-955-8787
팩 스 : 031-955-3730
E - mail : kwangmk7@hanmail.net
홈페이지 : www.kwangmoonkag.co.kr

ISBN : 978-89-7093-801-1 93520
값 : 28,000원